垃圾分类与多元共治

——中国实践与国外经验

陆健　毛达　等／著

中国环境出版集团·北京

图书在版编目（CIP）数据

垃圾分类与多元共治 ： 中国实践与国外经验 / 陆健等著． -- 北京 ： 中国环境出版集团，2023.11

ISBN 978-7-5111-5671-6

Ⅰ．①垃… Ⅱ．①陆… Ⅲ．①垃圾处理一研究 Ⅳ．①X705

中国国家版本馆 CIP 数据核字（2023）第 212881 号

出 版 人 武德凯
责任编辑 丁莞歆
装帧设计 金 山

出版发行 中国环境出版集团
（100062 北京市东城区广渠门内大街 16 号）
网 址：http ：//www.cesp.com.cn
电子邮箱：bjgl@cesp.com.cn
联系电话：010-67112765（编辑管理部）
010-67147349（第四分社）
发行热线：010-67125803，010-67113405（传真）
印装质量热线：010-67113404
印 刷 北京鑫益晖印刷有限公司
经 销 各地新华书店
版 次 2023 年 11 月第 1 版
印 次 2023 年 11 月第 1 次印刷
开 本 787×960 1/16
印 张 13.75
字 数 220 千字
定 价 69.00 元

作者和译者团队

作　者：陆　健　毛　达　帖　明　张勇杰
郭施宏　陈立雯
译　者：牟晓宁　郑　悦　方晓轩

preface
前 言

2018年12月，国务院办公厅发布了《“无废城市”建设试点工作方案》，宣告“无废社会”（no-waste society）将成为引领中国可持续发展和综合性固体废物管理的重要理念。按照国务院的要求，2019年4月生态环境部确定并发布了11个“无废城市”建设试点，此外还有5个特例地区将参照“无废城市”建设试点一并推动。根据《“无废城市”建设试点工作方案》，“无废城市”是一种先进的城市管理理念，最终要实现城市固体废物产生量最小、资源化利用充分、处置安全的远景目标。要实现这样的目标，当前从中央到地方同时在推动的垃圾分类制度就是其重要的前提和保障。

中国城市的垃圾分类试点始于20世纪90年代。2000年，建设部公布了首批8个“生活垃圾分类收集试点城市”，包括北京、上海、南京、杭州、桂林、广州、深圳和厦门。20多年来，这8个城市针对垃圾分类进行了各种尝试，但效果都不令人满意。《解放日报》社会调查中心2017年所做的一项调查显示，在2 000个受访者中，12.5%的受访者感觉垃圾分类效果显而易见，38.2%的受访者表示自己一直在坚持分类存放、投送垃圾。2016年年底，习近平总书记在中央财经领导小组第十四次会议上强调，普遍推行垃圾分类制度，关系13亿多人生活环境改善，关系垃圾能不能减量化、资源化、无害化处理。为全面落实习近平总书记关于垃圾分类工作的重要指示精神，国家发展改革委、住房城乡建设部于2017年3月印发《生活垃圾分类制度实施方案》，要求在全国46个重点城市先行实施生活垃圾强制分类。这标志着中国试点城市的垃圾分类从“自愿”向“强制”的转变，是中国垃圾分类政策发展的一大跨越。然而，回顾历史，立足现实，并放眼国内外的整体情况，我国要真正使生活垃圾分类成为普遍推行的制度，实现垃圾减量化、资源化、无害化的目标及新近提出的“无废城市”建设目标，仍然任重道远。

在此背景下，笔者经万科公益基金会支持，开展了“通向无废城市：生活垃圾分类历史教训与全球经验研究”。该研究旨在聚焦国内外城市垃圾分类政策的制定和实施情况，系统地总结其中的经验教训，以及具有代表性的成功或者失败的案例。在此基础上，通过传播和倡导无废理念影响相关政策制定者和从业者。

本研究开展的时间主要为2019年9月至2021年12月。作为研究成果的最终呈现，本书内容分为两篇，还有一个附录。

第一篇：国内启示。基于文献研究和深度访谈，笔者总结了我国在推行垃圾分类过程中存在的四大共性问题，并分析了其主要表征。访谈对象主要为学者（4人）及社会组织的负责人（9人）。访谈对象所在地包括北京、天津、广州、上海、福州、成都、南京、深圳等。

第二篇：国外经验。笔者选取了国外推行垃圾分类较为成功且具有典型意义的国家或城市，分别为韩国、马来西亚的槟城、印度尼西亚的万隆、比利时、斯洛文尼亚的卢布尔雅那，以及意大利的米兰、卡潘诺里、帕尔马和美国旧金山，对其进行了深入的研究。研究团队对韩国和马来西亚的槟城进行了实地调研和探访，并对来自比利时、法国、斯洛文尼亚和意大利的多位具有垃圾分类政策倡导和实践经验的专家进行了访谈，分析了这些国家或城市垃圾分类之所以取得成功的经验。

附录：零废弃总体规划。研究团队对欧洲环保机构“欧洲零废弃”编写的研究报告《零废弃总体规划》进行了翻译。该报告对零废弃城市的概念、目标、实践路径和典型案例进行了介绍，相信对中国的垃圾分类政策实践具有很好的借鉴意义。

书中难免存在不足和局限，敬请读者批评指正。

contents
目录

第二篇 国外经验

附　录　零废弃总体规划
——将欧洲循环经济的愿景变为现实

第 一 篇

CHAPTER 1 ○ ●

国内启示

启示一
对公众行为改变和习惯养成应有信心

一、不应过分依赖人工分拣

垃圾分类政策的有效执行离不开对居民行为的引导。因此，各地在推行垃圾分类时经常会在社区的垃圾投放点安排人员指导、帮助或者监督公众正确分类。另外，有的地方还会专门安排分拣员对居民投出的垃圾进行二次分拣。在垃圾分类点设置指导员或者分拣员，虽然能提高垃圾分类投放的效果，但其出发点和长远影响可能很不一样。笔者将在分析不同做法利弊得失的基础上，提出一些可能的改进措施和建议。

通过搜索引擎检索相关新闻和实地调研发现，在垃圾分类点设置指导员是很普遍的现象。例如，自2020年5月1日起，北京实行垃圾分类新规，很多社区都出现了垃圾分类指导员。[1]按照2020年9月25日修改通过的《北京市生活垃圾管理条例》要求，街道办事处和乡镇人民政府要在居住区设立“生活垃圾减量分类指导员”。垃圾分类指导员的主要任务，除了宣传生活垃圾分类知识，还要指导居民正确开展生活垃圾分类。北京市城市管理委员会发布的统计数据显示，截至2020年5月，北京市共有2万多名垃圾分类指导员。据统计，北京全市共有街道（乡镇）333个，社区和村加在一起共7 122个。2019年的统计数据显示，北京市常住人

1　吴丽蓉．走近垃圾分类指导员的日常：垃圾不放假，他们不停工［N/OL］．工人日报，2020-05-15［2020-10-16］．https：//www.chinanews.com/sh/2020/05-15/9184866.shtml.

口达2 153.6万。这样计算下来，平均每千名常住人口才能配上1名垃圾分类指导员，而根据过往的实践经验，这个规模其实远远无法满足全市的需求。[2]因此，为应对垃圾分类指导员数量的不足，北京市各区都制定了对策，而且各有不同。东城、石景山等区引入小巷管家、志愿者、楼门长等力量，作为临时垃圾分类指导员，对居民进行辅助引导；通州区则倡导由3万名回社区报到的在职党员开展垃圾分类指导和宣传志愿服务。除了政府招募，还有越来越多的人通过其他渠道加入其中，成为垃圾分类指导员。[3]

除了垃圾分类指导员（有的地方称督导员），有的地方还会设置垃圾分类分拣员，直接帮助居民进行二次分拣，以提高专门品类垃圾的分出率。例如，根据相关报道，上海某街道建立了垃圾分类督导员、指导员、分拣员三支队伍，对提升分类效果起到了很大的作用。街道的垃圾分类指导员队伍，在一些党建基础比较扎实的居民区，以基层干部、社区党员、积极分子为主；在其他中高档小区，则以居民和物业现有工作人员为主。分拣员队伍主要由各居民区垃圾房管理人员构成，在每天固定的时间段内将投放点的垃圾进行二次分拣。经过二次分拣，每个小区的湿垃圾量都达到约每200户一个标准桶，纯净度达到98%及以上。为了在指导员、分拣员的管理上更加有效，并填补某些投放时段的管理空白，当地街道还成立了一支由特聘人员和居委会干部组成的联合督导员队伍，对小区垃圾分类各个环节的工作进行实地督导检查。[4]此外，通过梳理相关新闻报道和笔者对北京市社区垃圾分类的调研发现，北京市明确配备分拣员进行二次分拣的社区也不在

2 张楠. 北京：2万名垃圾分类指导员不够用了［N/OL］. 北京日报，2020-09-29［2020-10-16］. https：//news.china.com/focus/bjljfll/13003781/20200929/38802915.html.

3 北京日报. 北京市垃圾分类欢迎更多“编外指导员”［EB/OL］. 新华网，（2020-05-16）［2020-10-16］. http：//www.bj.xinhuanet.com/2020-05/16/c_1125992329.htm.

4 智慧环卫联盟. “强推”垃圾分类 怎么个“强”法？［EB/OL］. 北极星固废网，（2019-01-20）［2020-10-16］. http：//huanbao.bjx.com.cn/news/20190120/957821.shtml.

少数。[5]

值得说明的是，垃圾分类指导员、督导员和分拣员的角色和职责是不同的。指导员或督导员一般主要负责：①向居民宣传垃圾分类的意义、方法，普及垃圾分类基础知识，提高居民生活垃圾分类知晓率，逐步培养居民垃圾分类的意识；②在规定时间内，在每处垃圾投放点进行现场劝导、督促，指导、监督居民进行正确的垃圾分类，不断提升分类质量。对于分拣员来说，他们的主要职责是对居民投放的垃圾进行二次分拣。但在现实中，很多时候指导员和分拣员的角色会重合，并出现垃圾分类指导员异化为分拣员的情况，而且还很普遍。以北京市西城区新街口街道为例，它是北京市最早实施垃圾分类试点的街区之一，经常作为社区垃圾分类的成功典型被宣传和推广。新街口街道的99个楼房小区全部配备了垃圾分类指导员。他们不仅负责宣传引导，还要对垃圾进行二次分拣，处理居民源头分类不到位、投放不准确等问题，从而提高了厨余垃圾的“纯度”。[6]

笔者调研发现，一线的垃圾分类治理从业者和垃圾问题研究者对于垃圾分类指导员的角色大多是持肯定态度的，但对于分拣员的设置存在不同的观点，甚至有一些争议。一些受访者认为，在大多数社区居民还未养成正确垃圾分类行为习惯的情况下，分拣员二次分拣的工作可以在很大程度上提高垃圾分类的实际效果，尤其是在国家对垃圾分类越来越重视的大背景下，地方政府对垃圾分类率的考核力度也在加大，二次分拣有助于基层单位在短期内达标。

北京市从2020年5月1日起，全市16个区的垃圾分类工作逐渐纳入市级综合考评，排名末位的区会被约谈。北京市城市管理委员会相关负责人表示，将建立健

5　王斌. 新街口街道生活垃圾分类运输全覆盖［N/OL］. 北京青年报，2019-12-05［2020-10-17］. http：//bj.people.com.cn/n2/2019/1205/c82840-33605266.html.

6　王斌. 西城楼房小区试点垃圾分拣员［N/OL］. 北京青年报，2017-05-20［2020-10-17］. http：//house.people.com.cn/n1/2017/0520/c164220-29288407.html.

全垃圾分类综合考核评价体系，把社会发动作为一项重要内容纳入考核体系，并且赋予较高权重。[7]虽然这一考核指标体系包括了居民参与率和准确率，但是在实际操作中更偏重厨余等易腐垃圾的分出率。从公共管理的角度来看，在公众垃圾分类的参与率和准确率不能在短时间内迅速提升的前提下，为了达到上级政府的考核要求，通过分拣员的二次分拣来提升易腐垃圾的分出率自然就可能成为基层管理者的权宜之计。

设置垃圾分类分拣员的弊端是很明显的。一方面，分拣员所做的二次分拣工作会降低居民主动参与分类的积极性，产生“分不分都无所谓”的依赖心理和惰性心理。[8]另一方面，由于分拣员一般是第三方物业、保洁公司雇佣的人员，其报酬无外乎由居民的物业费或者政府公共财政支出，这样就会对居民和政府形成一定的经济压力，在物业纠纷频发和政府公共财政吃紧的大背景下，这种模式的可持续性就存在很大的疑问。

基于正反两方观点和实际情况，笔者认为对于垃圾分类指导员、分拣员岗位的设置可以从以下两个方面去进行优化。其一，应该明确的是，垃圾分类是每位公民应尽的责任和义务。从这个角度来说，城市管理者更应该让垃圾分类指导员和监督员恪守宣传、引导、监督的角色定位，不断提高居民自主参与垃圾分类的意识和正确分类的知识，而不是任由指导员和监督员异化为分拣员。其二，如果确实有必要设置分拣员的岗位，应该尽量避免在垃圾投放点直接进行分拣工作。分拣员的工作地点和时间安排应该遵循尽量避免让居民可以轻易看到的原则。如果居民可以较为轻易地看到有分拣员对没有做好分类的垃圾进行二次分拣，那么他们的参与动力和热情肯定会大打折扣。长此以往，本应由居民承担的垃圾分类

7　北京日报. 垃圾分类将纳入市级综合考评［EB/OL］. 新华网，（2020−07−17）［2020−10−17］. http：//www.xinhuanet.com/house/2020−07−17/c_1126248783.htm.

8　与学者李皓的访谈，2020年4月22日。

责任就会转化到分拣员的身上，那么也就失去了开展垃圾分类的本意，还会给社会治理增加更多的成本，可能会令垃圾分类成为不可持续的“运动式治理”。

二、不应过分依赖智能机器

随着我国大数据、人工智能等先进技术的快速发展，近些年垃圾分类产业与数字技术相结合成为行业技术管理创新的新趋势。为配合垃圾分类工作的有序开展，北京、上海、广州等城市出台的新版生活垃圾管理条例中均强调要将科技创新应用到垃圾清扫、收集、运输、处理及循环利用的全过程，以促进生活垃圾处理的减量化、资源化与无害化。2020年4月，国家发展改革委、中央网信办联合印发《关于推进“上云用数赋智”行动 培育新经济发展实施方案》，表示在具备条件的行业领域和企业探索大数据、人工智能、云计算、数字孪生、5G、物联网和区块链等新一代数字技术应用和集成创新。[9]正是在这一背景下，服务于垃圾分类的数字技术产品大量涌现，并在城市生活垃圾管理中备受推崇。加之我国垃圾分类已经进入制度化推进的阶段，垃圾分类的强制推行往往需要投入大量的人力、物力和财力，所以对数字技术在垃圾分类领域中的运用有了更大期待，即希望它能有助于降低垃圾分类管理的人力成本、时间成本和宣传成本，有效提升垃圾分类的效率。尽管面向未来，科学技术的创新肯定会在城市管理领域有非常广阔的应用空间，但是就当前国内垃圾分类的管理应怎样对待数字技术运用，尤其是对智能化的应用，却是值得认真讨论的问题。在此，笔者将在分析不同层面的智能化技术及其利弊的基础上提出相应的对策建议。

目前，垃圾分类领域的智能化产品通常包括智能识别软件、智能垃圾桶

9 全国能源信息平台. 还在为垃圾分类而苦恼吗？AI智能垃圾桶来了［EB/OL］. 北极星环保网，（2020-04-22）［2020-10-17］. https：//baijiahao.baidu.com/s? id=1664677770573074739&wfr=spider&for=pc.

（箱）、智能分拣机器人三大类。[10]智能识别软件旨在服务于宣传教育、信息服务环节，其主要基于机器视觉技术对物体进行识别与比对，实现垃圾的类别确认，大多借助小程序、App的方式得以实现。智能垃圾桶主要服务于垃圾收集环节，也是目前市场上投放最多、研发热度最高的智能产品。垃圾分类强制推行后，智能垃圾分类设备的需求也被进一步激活，许多企业都推出了面向居民的智能垃圾桶和面向社区及公共场所的智能垃圾箱。例如，阿尔飞思（昆山）智能物联科技有限公司推出了面向居民的“AI小睿桶”，以及面向公共场所的“睿箱”和“睿桶”；上海檀栋信息科技有限公司推出了量产型的“咚冬智能垃圾分类箱”、试验性的“智能分类垃圾房”等产品。[11]这些智能垃圾桶（箱）一部分包括自动分类的功能，即居民只需投入垃圾，智能垃圾桶（箱）便能自动完成分类；另一部分则发挥着监督分类的作用，应用人脸识别等功能将居民信用与垃圾分类行为挂钩，以此督促居民正确投放。智能分拣机器人主要服务于垃圾处理环节，但这一环节的智能化研究仍处于初级阶段，其投资研发难度较大。从总体而言，智能分拣机器人将重构传统垃圾分类处理及可再生资源回收利用的工作方式，但能否真正达到管理绩效的预期尚不乐观。

就当前国内垃圾分类领域的三大类智能技术和产品而言，智能垃圾桶（箱）所暴露出的问题最为突出。根据笔者的调研，现阶段国内城市垃圾管理存在对智能垃圾桶（箱）过度崇拜的现象，即把“桶”看得过于重要，甚至走向“桶决定论”——认为公众垃圾投放的行为是由垃圾桶的设置所决定的。但实际上，智能垃圾桶在社区中的广泛覆盖并没有带来实际绩效的提升，甚至导致一些额外管理

---

10 人工智能在垃圾分类领域的应用现状［EB/OL］. 搜狐网，（2020-08-06）［2020-10-17］. https：//m.sohu.com/a/411805730_120541586.

11 周冯琦，张文博. 垃圾分类领域人工智能应用的特征及其优化路径研究［J］. 新疆师范大学学报（哲学社会科学版），2020，41（4）：135-144.

的负担。具体而言，一是技术设置的局限性较大，使用体验效果不尽如人意。目前智能垃圾桶大多采用机器视觉技术进行垃圾识别，但是这种技术只能对垃圾进行逐个扫描，无法一次性多件投放，占用用户时间，而居民通常扔垃圾是以整袋方式投放的，识别速度的限制导致产品难以适应社区居民生活垃圾大量投放的情景。[12]二是机器市场报价较高，后期管理运营成本高。为了了解市场上智能垃圾桶的市场报价，笔者在中国制造网进行了价格查询，发现即使是小型的垃圾分类智能桶，其价格也要在3 000～8 000元；而大型的智能称重垃圾桶、智能化垃圾房等的价格在几万元，有的还需要与售卖公司进行面议，价格可能更高。[13]此外，在智能垃圾桶安装之后，其运营管理的成本也非常高。社区需要匹配专门的技术人员进行垃圾分类处理监管平台的日常管理，如从向每户居民分发实名制的一户一卡一码到指导分类投放、积分累计管理，再到商品兑换跟进、巡检分类准确率和问题溯源等方面都需要反复持续跟进，运行成本不一定会降低。[14]三是机器操作烦琐，"智能"反添麻烦。与传统垃圾桶的直接简易投弃不同，智能垃圾桶对公众的垃圾投放行为也提出了更高的技术要求。日常家庭生活中投放垃圾的主要人群为年长者，而这一年龄段的居民在使用智能设备的能力上又存在先天的不足，熟练度的欠缺使老年群体可能对智能垃圾桶产生望而却步的畏难心理。即使老年人可能对向智能垃圾桶投放垃圾赚取积分等活动充满兴趣，却也可能会面临"无从下手"的技术窘境。四是智能垃圾桶承载量低，且与传统垃圾桶存在功能重叠。调研发现，社区的智能垃圾桶本质上收集的还是之前的生活垃圾，但其容量往往与社区生活垃圾的产生量不匹配，无法满足居民的使

---

12 与学者郭巍青的访谈，2020 年 6 月 17 日。

13 中国制造网，https：//cn.made-in-china.com/jiage/zhinengljx-1.html。

14 八成社区都在用这种新型智能垃圾箱房［EB/OL］. 爱分类，（2020-12-07）. https：//baijiahao.baidu.com/s？ id=1685401728539341884&wfr=spider&for=pc.

用需求，而且很多小区的日常生活垃圾都是日产日清的，在一定区域范围内都已配备了传统分类垃圾桶，智能设备反倒增加了装运清理的烦琐性。五是对智能垃圾桶用户反馈激励的管理较差。一般而言，用户在进行智能垃圾分类后，其收益以积分性质返还，可在自助售货机兑换指定物品，但因兑换步骤复杂、品类少、居民体验感差，这又进一步影响居民对智能垃圾桶的认可度和对垃圾投递的积极性。

虽然数字技术和人工智能技术在垃圾分类领域的应用让我们眼前一亮，在一定程度上对完善垃圾分类全过程的精细化管理具有重要意义，但是从当下中国垃圾分类推进的现实情况而言，务必要保持审慎的态度，切勿掉入“技术陷阱”。垃圾分类中的“技术陷阱”之所以存在，本质上是将目的和手段完全颠倒了，本来目的应当是要把垃圾分出来，无论是人工的方式还是智能机器的方式都是手段，现在的情形相当于把手段之一的机器变成了目的，力图让分类的成功去证明技术的胜利，甚至有时分不分出来垃圾都成了相对次要的事情。事实上，由于目前主流媒体及国家的政策文件都对技术与垃圾产业的融合抱以乐观的期望，在基层垃圾分类管理中各个社区会在没有充分结合实际的情况下就大力推进智能设备进社区，甚至还将其当作垃圾分类管理的绩效表现和“面子工程”。

总之，新兴科技的融入肯定有提高垃圾分类管理效率的潜力，但这并不意味着可以完全依赖于科技应用，将科技视为实现垃圾分类的绝对推动力，或者将垃圾分类推广不力的症结全部归咎于技术层面，并因此忽视了管理策略和管理水平的重要作用。垃圾分类的推广既需要科技的发展与运用，又需要管理理念和管理技术的与时俱进。管理水平和管理意识的提高必然催生相关科技应用，而科学技术水平的提升又会反过来倒逼管理能力的进一步完善。故而，新兴科学技术的应用不能简单陷入单纯的技术主义路径。

综上所述，笔者认为接下来相关部门应当加强对现有垃圾分类领域数字技术和智能设备的绩效评估，特别是对智能垃圾桶（箱）的评估。如果在缺乏相对比较优势的情形下，切勿盲目地铺设智能投放和收集设备。目前，将一些成熟的智能技术应用于公众分类意识和行为的培养与监督中可能更加切合实际。

启示二 清楚识别公众行为改变和习惯养成的关键因素

一、变革宣教形式

国外学者认为，通过组织和开展社区宣传教育活动可有效传递分类信息，提升居民对垃圾分类的知晓度，并左右其最终行为的选择。[15]国内研究也发现，社区垃圾分类宣传活动对居民参与垃圾分类的意愿有显著影响，宣传活动越多，居民垃圾分类的意愿越强。[16]我国城市的垃圾分类试点始于20世纪90年代，深入社区的宣传教育成为最主要的政策手段。然而，从实际效果看，宣教活动开展与否、量的大小与居民行为改变的程度高低并不能简单画上等号。

根据生态环境部环境与经济政策研究中心发布的《公民生态环境行为调查报告（2019年）》，在调查的所有生态环境行为中，受访者对垃圾分类的重要性最为认可，但实际行动与认知程度差异最大。超九成（92.2%）的受访者认为垃圾分

15 KIRAKOZIAN A. The Determinants of Household Recycling: Social Influence, Public Policies and Environmental Preferences［J］. Applied Economics, 2016, 48（16）: 1481-1503.

16 同上。

类对于保护我国的生态环境是重要的，但仅三成（30.1%）的受访者认为自身在垃圾分类方面做得“非常好”或“比较好”。在所有受访者认为影响自身垃圾分类行为的主要原因中，“不知道怎么分类”和“不了解分类后垃圾的处理进度和结果，没有成就感”的人数占比分别为36.5%和34.5%。[17]另有学者的研究也发现，城市居民的垃圾分类意愿和实际参与行为之间存在较大的差异。愿意参与垃圾分类的比例（82.5%）明显高于实际参与垃圾分类行为的比例（13%），较高的分类意愿并不必然会产生较高的分类行为。[18]由上可知，就理论而言，垃圾分类宣教工作对于垃圾分类政策的实施效果非常重要，好的宣教工作不仅能带来居民意识的提升，还能带来行为的改变。但实际调查发现，我国多数地方宣教工作的效果仅停留在影响人们的分类意识和意愿上，不一定能转化为行为改变，这说明宣教工作的“质量”仍需要得到提升。

笔者进一步总结了目前垃圾分类宣教工作质量不高的主要表现。

第一，形式较为单一。我国大多数地方的垃圾分类宣教形式长期不变，常见的有送垃圾桶/垃圾袋入户、贴标语（刷大墙、贴海报、拉横幅）、发传单、广场宣讲等。[19]与此类似的其他宣教活动也存在缺乏吸引力、没有拉近与社会公众的距离的问题，因而影响力有限、效果不显著。另外，很多地方政府或者社区喜欢用送垃圾桶/垃圾袋入户的形式进行垃圾分类公众教育，但在过程中缺少与公众的有效互动，能传递的信息极为有限，也极易造成公共资源的浪费。

第二，缺乏针对性。现有的研究发现，不同地域、不同群体的居民对垃圾分

17　生态环境部环境与经济政策研究中心课题组．公民生态环境行为调查报告（2019年）［J］．环境与可持续发展，2019，44（3）：5-12.

18　陈绍军，李如春，马永斌．意愿与行为的悖离：城市居民生活垃圾分类机制研究［J］．中国人口·资源与环境，2015（25）：176.

19　李松悟．当前环保宣传存在的六个问题［J］．环境保护，2009，37（17）：54.

类的认知和参与意识是不同的。[20]但是，各地的垃圾分类宣教工作往往不考虑时间的差异、地域的变化、人群的不同，导致宣教的内容过于笼统、不具体，大多流于形式。在很多地方，垃圾分类的公众教育照搬相关政策法规的条文，缺少针对不同人群实操方法的细节内容。因此，即使垃圾分类宣教频率高、范围大，其效果也是微不足道的。如果说有点效果，那也只是让人们知道了有“垃圾分类”这回事，至于“垃圾分类应该做什么”“怎么做”则不甚了解。

第三，缺乏持续性。我国的部分宣教工作存在着“运动式治理”的特点，缺乏持续性。“运动式治理”就是集中力量处理一项工作任务，往往见效快，但很难常态化。当垃圾分类成为政策热点时，一时间相关的宣传铺天盖地，这当然能在短时间内提升公众的意识，但是如果不能持续开展宣教活动，那么其效果很可能较为有限。

实践证明，宣教活动要产生效果，须识别出真正能影响公众行为改变和习惯养成的关键因素，并据此设计出相应的内容和形式。复旦大学可持续行为研究课题组在分类行为改变的议题上做了长达9年的跟踪研究，识别出了一套行为改变的关键影响因子，包括基本知识、基础技能、对活动实施能力和实施结果的信任、一定的规范、必要的设施和资源、责任划分、情感激励等，还建立并反复验证了一个从树立分类意愿到养成习惯的行为理论模型。[21]

根据这个模型，该课题组对上海市近年来之所以能在街道层面大规模、快速提升居民垃圾分类投放的效果给出了科学解释：一是确保基本硬件设施到位，包括夜晚照明、冬季暖水这些会显著影响居民分类投放意愿的辅助设施；二是通过

---

20 徐林，凌卯亮，卢昱杰．城市居民垃圾分类的影响因素研究［J］．公共管理学报，2017（1）：142-153.

21 李长军，边少卿，薛云舒，等．上海市社区内影响居民垃圾分类效果的关键措施指标研究［J］．中国环境管理，2022，14（2）：27-33.

多种方式，包括志愿者辅导、宣传、保洁员行为调整等，让居民认识到自身的主体责任，即谁产生垃圾谁负责分类投放；三是安排经过培训的志愿者或督导员在投放地点有序值班，而且特别注意值班过程中要“动口不动手”，即原则上只做口头提醒、引导，不可以直接帮助居民进行投放或分拣。此外，课题组还通过观察社会组织在一些社区的成功实践发现，相比简单的信息供给，大量的人际互动更能引发居民意识和行为的改变，这也从学理上说明了以往那些过于简单的宣教方式必须改变。

基于以上问题及学者对上海样本的研究解释，笔者就改善垃圾分类宣教效果提出以下几点建议。

第一，利用新媒体的多元手段增强宣教实效性。随着信息技术的不断创新，互联网从Web 1.0进入Web 2.0时代，新媒体技术和平台不断涌现，极大地拓展了公众获取信息的渠道和方式。原环境保护部发布的《全国公众生态文明意识调查研究报告（2013年）》[22]显示：通过互联网来获取环境知识的受方者中，14～18岁的占比54.1%，19～29岁的占比59%，30～60岁的占比47.8%，60岁以上的占比29.2%，老年人大多数还依靠传统的广播电视获取知识。从以上数据可以看出，互联网和新媒体已经成为人们获取相关环境知识的主要方式。原环境保护部、中宣部等六部委联合发布的《全国环境宣传教育工作纲要（2016—2020年）》回应了新媒体提出的挑战，要求利用新媒体做好宣教工作，要积极引导新媒体参与到环保宣传中来。因此，垃圾分类宣教工作也必须与时俱进，应利用可视化、互动性高的新媒体等受众广泛的平台向公众传播垃圾分类意识和知识。利用新媒体进行垃圾分类宣教不仅可以避免传统宣教形式老套、陈旧的弊端，提升公众对宣教工作的接受度，还可以最大限度地扩大宣教受众面，提高宣教效率。以山东省临

22　环境保护部宣传教育司．生态文明绿皮书——全国公众生态文明意识调查研究报告（2013年）［M］．北京：中国环境出版社，2015.

沂市为例，临沂市环保局于2018年在视频社交网站“抖音”开通了账号，通过短视频的方式进行环保宣教，得到了当地公众，尤其是年轻人的广泛传播。

第二，宣教内容应增强针对性和实操性。首先，宣传语言要同时兼顾科学性和通俗性的特点，使宣教工作真正入耳、入脑、入心。其次，宣教工作应该增强针对性。既然人口特征不同，就应该有不同的宣教内容。现有研究发现，人口社会统计特征（年龄、教育、性别）对居民参与垃圾分类的意识和行为有显著影响，具体表现为年龄越大的居民分类意愿越高；相较于男性，女性参与垃圾分类的意愿更高。传统的家庭性别分工仍然存在，虽然越来越多的女性走出家庭步入社会，但其依然是家务的主要承担者。垃圾分类作为一项家庭行为，女性仍然是分类的主要行为人。另外，受过良好教育的人拥有较高的收入水平，对环境问题也更关注，分类意愿更高。[23]因此，针对不同年龄、性别及教育水平的受众可以采用不同的宣传语。例如，针对老年人，使用的语言要传统一些；针对年轻人，使用的语言要新潮一些。目的就是要贴近群众、贴近生活、贴近实际。也可以根据不同的学龄采用不同的形式与内容，如针对小学生，可以辅以他们喜欢的动画形式，让孩子们在观看动画中学到环保知识；针对大学生，可以灵活选择演讲、知识竞赛等方式进行宣传教育。此外，宣教内容应该尽量增加实操性，也就是说，宣教内容应尽量明确地告知公众垃圾分类的具体做法。政府部门应该根据服务的人群制定不同的公众宣教方案。在社区层面，公众宣教应该向居民传达垃圾分类的方法，垃圾投放的时间、地点，奖惩措施等信息，让居民真正了解如何参与垃圾分类。

第三，积极推动环保社会组织参与垃圾分类宣教工作。自20世纪90年代以来，中国的环保社会组织逐渐成为环境治理的重要参与者，在提升公众环保意

23 徐林，凌卯亮，卢昱杰. 城市居民垃圾分类的影响因素研究［J］. 公共管理学报，2017（1）：142–153.

识、促进公众参与环保、开展环境维权与法律援助、参与环保政策制定与实施、监督企业环境行为、促进环境保护国际交流与合作等方面发挥了重要的作用。[24]以"自然之友""北京地球村"为代表的一批环保社会组织，很早就参与了垃圾分类环境宣教相关的工作，为提升公众意识做出了贡献。但是，由于法规制度建设滞后、管理体制不健全、培育引导力度不够、社会组织自身建设不足等，环保社会组织依然存在管理缺乏规范、质量参差不齐、作用发挥有待提高等问题。环境保护部、民政部于2017 年联合印发了《关于加强对环保社会组织引导发展和规范管理的指导意见》，强调要加强对环保社会组织的规范管理，加大政策扶持力度。在垃圾分类治理领域，政府部门应该重视环保社会组织的角色和作用，通过对话交流、环保培训、购买服务等方式充分发挥环保社会组织在推动垃圾分类宣教中的积极作用。生态环境部门应该通过公众环境意识调查等形式，定期评估环保宣教的成效、检讨存在的问题，并与环保社会组织进一步调整、改进环保宣教的目标任务和实施方案。

二、不应片面追求分类投放环节的便利

垃圾分类投放管理是整个生活垃圾分类治理系统的前端要口，其效果直接影响后续的减量化、无害化和资源化管理，对于提高垃圾的处理效率、资源利用率和降低垃圾总量具有重要作用。但垃圾分类投放管理并非一蹴而就，实践中也存在一些迟滞不前的问题，值得进行反思。

实际上在垃圾分类强制性制度实施之前，我国一些城市已经逐步在探索垃圾分类投放管理的办法，并将此作为垃圾分类管理的起点和突破口。例如，2010年上海市人民政府印发《关于进一步加强本市生活垃圾管理若干意见的通知》中指

24 邓国胜．中国环保 NGO 发展指数研究［J］．中国非营利评论，2010，6（2）：200-212.

出："继续加强宣传引导，大力推行低碳生活方式。推进居住区、企事业单位、公共场所日常生活垃圾分类投放，强化垃圾分类在文明小区、文明社区、文明单位、文明行业以及市容环境责任区等各类创建活动中的作用，促进生活垃圾的循环利用。"2020年修订的《北京市生活垃圾管理条例》第五十九条也强调："街道办事处和乡镇人民政府可以组织、引导辖区内的居民委员会、村民委员会将生活垃圾分类要求纳入居民公约或者村规民约，在居住区设立生活垃圾减量分类指导员，宣传生活垃圾分类知识，指导居民正确开展生活垃圾分类。街道办事处、乡镇人民政府和生活垃圾分类管理责任人可以通过奖励、表彰、积分等方式，鼓励单位和个人开展生活垃圾减量和分类。"

相应地，各地方为了调动居民对垃圾分类的认可度与参与度，在推进垃圾分类投放管理中采取了诸多便利性举措，如安排分类指导员、高密度设置分类收集容器、上门收集等。这样的举措对调动居民参与的积极性具有重要的引导作用，但是不一定有十分显著的效果。这不禁让人产生疑问：垃圾投放的便利程度与居民配合分类投放之间是否有关系？关系是怎样的？要回答这个问题，还需要探寻一下实现分类投放的根本原理。

分类投放能否成功的关键在于是否实现了投放的"去匿名化"，即将原来居民的匿名投放状态转变为非匿名投放状态。当下全国很多地方的居民区之所以还未实现源头分类投放，就是因为大多数居民仍在匿名投放垃圾。一些优秀城区或社区之所以能脱颖而出、鹤立鸡群，也在于它们摆脱了匿名投放状态，开始朝着非匿名投放状态转变。

垃圾投放"去匿名化"这个理论认识和理论提炼来自分类开展得较为普遍且成效较为显著的欧盟国家，是这些国家多年来成功实践经验的最简明总结。所谓匿名投放，即无法将特定垃圾的投放情况与其投放者的身份进行对应，也就是说，"人们不知道这些垃圾是谁投放的，也不知道这些垃圾投放得对不对"。按照欧盟国家的经验，匿名投放状态的结果必然是混合投放，即便有强制性管理制度存在，垃圾分类设施到位，居民具备相当的分类知识和意识，也是如此。造成这一结果的原因解释也很简单：对于大多数人来说，自觉投放的前提必须是有一定的监督，而对当今普遍的非熟人社会来说，只要投放物和投放过程不为人知，就没有监督可言。所以，“去匿名化”就是要让投放物能与投放者身份挂钩，使投放行为被人知晓，同时投放者也能感受到这种“被知晓”。

需要强调的是，“去匿名化”并不等同于实名制。实名制是非匿名投放的一种特殊形式，还有一些非实名制的方法同样可以起到“去匿名化”投放的效果。在此，笔者对四种典型的“去匿名化”投放方式做简单介绍。

一是挨家挨户收集。这是很多国家的城市或乡村都会采用的一种方式，就是由环卫人员到居民家门口逐户收集一个住家产生的垃圾，而不需要居民到社区指定地点投放。这自然就是一种非匿名方式，因为环卫人员很容易将垃圾对应到具体的居民家庭，也容易了解其投放情况。除实现了强“去匿名化”的效果外，挨家挨户收集还有利于实现管理者与居民更直接的沟通，能有效提升居民实践分类的能力。这种方式一般适合于人口密度低的城市独栋房屋居住区和农村地区。例如，美国加利福尼亚州的伯克利、比利时的根特、韩国的首尔等地都有这种模式，所以其分类收集的效果极佳。国内一些成功的农村试点，如江西上饶的东阳乡也是如此。

二是实名制投放。如前所述，实名制是非匿名投放的一种特殊形式，它的特征是在居民投放垃圾的包装物上明确标明投放者的身份信息，既可以是具体的姓名、地址、联系方式，也可以是与居民身份对应的条形码或二维码。这种方式不仅是一种彻底的“去匿名化”，相比其他方式，如挨家挨户收集，还可实现一定的可追溯性，无疑会对投放者形成更大的督促效应。这种方式其实在国内一些推广“互联网+”模式的垃圾分类企业已经有所实践，只不过它们往往侧重居民积分、奖励体系的建立，而忽视了监督分类效果的作用。

三是“不落地”投放。这种方式早期在我国台湾地区的台北市出现并发展起来，其实质是一种“固定时间、固定路线”的收集方式。具体而言就是在每天特定的时间——通常是夜间居民吃过晚饭后，市政派出的垃圾收集卡车会在城市街区按固定路线行驶和短暂停留，沿路居民会走出家门来到卡车旁直接分类投放垃圾。因为垃圾不再投放到原本设置在地面上的垃圾桶中，而是投放到游走的卡车上，所以被称为“不落地”。按照当地专家的解释，因为投放时间和地点都很集中，所以会产生一种特别的群聚效应，这种效应不仅创造出市民、政府共同行动的积极氛围，还产生了一种邻里相互监督的场域，即每位居民不仅在环卫工的监督下投放垃圾，还在很多邻居的眼皮底下投放垃圾，原本的匿名状态也就这样“柔和地”被打破了。虽然我国其他地区的不少城市也宣传垃圾“不落地”，但其实大多还停留在防止垃圾乱丢的层面，鲜有真正能借鉴台北市的情况。在北京市昌平区的兴寿镇，一些示范村建立了真正的“不落地”收集模式，事实上已实现了村民投放垃圾“去匿名化”的目标。

四是定时定点+破袋投放。“去匿名化”的国内成功案例不能不提上海。自2019年7月以来，上海市居民区最基本的模式可被概括为“撤桶并点、定时投放、破袋投放”。这种模式在两个关键环节体现了“去匿名化”，一方面，因为投放点有限、投放时间集中，形成了社区内的群聚效应，其效果与“不落地”收集是相似的；另一方面，厨余垃圾统一要求破袋投放，这个过程不仅将不可降解的塑料袋与“湿垃圾”分离，而且将厨余分类的准确度展现到指导员和居民面前，强化了非匿名投放所产生的监督效应。

可能有人会提出，曾经绝大多数社区实行的“定点（点位较多）但不定时”的投放模式是否也能实现“去匿名化”呢？理论上是的，但忽略了“去匿名化”的一个关键要素——“被看见”的可行方式及其成本代价。以上所述四类典型方式，除实名制投放外，都有赖于投放现场有专门人员的指导监督，因此它们都不同程度地需要控制人员数量和工作时间的投入。而实名制投放如果要真正完成其“去匿名化”的过程，也需要在后端有人力投入来抽检、抽查垃圾分类的实际质量并向前端反馈。在考虑成本因素后，便可知传统投放模式一方面形成不了群聚效应，另一方面需要有相当多的人长时间进行桶前值守才能实现“去匿名化”，所以是最不经济的选择。当然，也有人提出可以用视频监控来实现“去匿名化”，但机器监控与现场的人际交流互动相比毕竟还有很大的劣势，也需要解决与此有关的隐私保护的法律问题。

以上对“去匿名化”投放原理和实践的介绍、分析都是为了给各地更好地实现居民源头分类提供参考和建议。

首先，笔者认为“去匿名化”投放的实现方式是多种多样的，即便是所谓的典型方式也可以有因地制宜的变形。例如，对于北京这座人口超过2 000万的世界城市来说，其内在的聚居形态、公共管理模式非常多样，可以参考不同的方式来实现特定社区、单位的“去匿名化”投放。例如，某些小区若有企业在做挨家挨户收集，那就在此基础上进一步完善，彻底实现“去匿名化”；有些村已经采用了“不落地”投放模式，那就应该就近复制推广到其他村镇；一些单位的员工如果不介意实名制，也可以进行试点，说不定能成为一种行业风尚。

其次，在因地制宜地应用不同模式实现“去匿名化”的基础上我们应该看到，“撤桶并站、定时定点”仍是我国大多数城市居民区垃圾分类投放的基础模式。之所以如此，就是因为这种模式既可以实现投放过程的监督，又可以把监管成本控制在一定范围。但这种模式实际上会遭到一些居民的不理解和阻力。此前一些城市政府和物业公司将分类桶设置到居民家门口的做法，本有鼓励分类投放的愿望，因为其背后的假设是居民不是不愿意分类投放，而是不方便，只要让他们方便了，就能做到垃圾分类投放。但现在看来，这种假设完全是一种错觉，也是一种典型的“似是而非”。我们实际要研究和实践的是在方便和有效之间取得平衡。这里的“方便”不仅是居民的方便，也要使其他主体方便；这里的“有效”不仅指分类效果，而且要考虑成本的投入。对此，复旦大学可持续行为研究课题组的研究表明，垃圾桶投放点与居民居住的距离虽然对居民垃圾分类投放参与度会有一定影响，但是这个影响极小，居民参与的投放频率并不会随距离而产生变化，这意味着对于政策制定者和实务工作者而言，距离对于垃圾投放回收效果的贡献很小，不应过分夸大。[25]

最后，笔者认为“撤桶并站、定时定点”的模式要真正实现“去匿名化”，还需要解决以下几个突出问题。一是定时投放落实不彻底。如前所述，真正的定时投放会产生群聚效应，辅以分类指导员桶前值守，可为“去匿名化”创造最好的条件。而各地的很多社区虽有所谓投放时间设置，但其实只是在特定时间段有指导员桶前值守，而居民实则仍是24小时投放，因此仍处在匿名投放的状态。二是分类指导员的监督、指导职责没有真正得以贯彻。“去匿名化”的基本要素是投放者及其投放表现被有效“看见”，并得到一定的反馈，而目前很多社区的指导员基本对居民的投放不闻不问，甚至站得远远的，好像并不“存在”，居民因此自然不认为其行为有被“看到”，投放过程仍是匿名状态。三是厨余垃圾破袋与否一直不统一。很明显，在上海执行得较为彻底的破袋投放，在北京的接受情况却有很大差异。一些小区可以贯彻、坚持，居民也能养成习惯，渐渐显现出“去匿名化”的正向效应；另一些小区要么遭到居民的不理解或抵制，要么就没有真正推行起来，因为当二次分拣逐渐成为各个社区的基本配置后，破不破袋的实际意义好像也不大了。

---

25 李长军，边少卿，薛云舒，等.上海市社区内影响居民垃圾分类效果的关键措施指标研究[J].中国环境管理，2022，14（2）：27-33.

启示三
对垃圾分类各环节的变革演进应有耐心

一、善用经济激励措施

一项政策能有效地推行，奖惩机制的设置必不可少。目前，我国各地推出的垃圾分类政策都设置了一定的奖惩机制。笔者首先对常用的奖惩工具进行梳理，继而分析其中存在的问题，并提出了相应的优化对策建议。

（一）垃圾分类政策的奖惩机制

与以往垃圾分类主要依靠公民个体的自觉参与不同，2016年以后新一轮的垃圾分类实践开始重视“强制力”条款的设置。2019年7月1日，上海正式实施《上海市生活垃圾管理条例》。以此为标志，该市的垃圾分类迈入“硬约束”时代。该条例有单独一章规定了政府、企事业单位、个人所要承担的法律责任，对违反相关规定的行为制定了详细的惩罚措施。例如，如果个人违反规定，将有害垃圾与可回收物、湿垃圾、干垃圾混合投放，或者将湿垃圾与可回收物、干垃圾混合投放，那么由城管执法部门责令其立即改正；拒不改正的，处50元以上200元以下罚款。对于生活垃圾末端处置企业，未落实分类处理且逾期不改正的，将处以5万元以上50万元以下罚款；情节严重的，将吊销生活垃圾经营服务许可证。配合强制垃圾分类立法，上海市城管执法部门也积极行动。统计数据显示，该条例施行的第一个月，全市城管执法部门共出动城管执法人员52 400人次，开展执法检查18 100次，共检查投放环节居住小区、宾馆、商场、餐饮企业等单位

34 985家，共查处各类生活垃圾分类案件872起（单位798起、个人74起），责令当场或限期整改8 655起。[26]与上海市的做法类似，其他地方陆续推出的垃圾分类立法都包含了相关主体的法律责任条款，对违反垃圾分类有关规定的行为订立罚则。虽然通过惩罚措施或惩戒威慑推行强制垃圾分类的效果是显而易见的，但是其中存在的一些问题也值得重视。如果要保持政策对公众行为的足够规制效力，那么就必须持续不断地投入执法力量监督公众行为，但这在现实中显然很难做到。

除了惩罚措施，各地政府也会通过一些奖励措施促进公众参与垃圾分类。目前常用的方式多种多样，比较典型的有“绿色积分”“绿色账户”等。这些激励手段主要的运作方式是对居民个人或者家庭的垃圾分类行为进行积分奖励，并用累积的奖励积分兑换生活用品、服务、抽奖和抵扣消费等。[27]根据各地的实践，进行积分奖励的标准有很大的差异。有的地方基于参与与否进行积分，如沈阳某些居民小区的居民只要将分类好的垃圾投入分类智能垃圾箱，就能获得相应的“绿色积分”，用来兑换日用品。[28]有的地方只对居民分出的某些特定品类的垃圾（特别是有一定经济价值的可回收垃圾）进行积分，如青岛某小区就对居民分出的纸张、塑料、纺织品等品类的垃圾奖励不同的积分，以调动居民的参与积极性。[29]与此同时，各地进行积分的操作方法也有所不同。有的社区采用的是人

---

26 金旻矣．上海市生活垃圾管理条例实施首月报告：城管公布成绩单［EB/OL］．东方网，（2019-07-31）［2020-10-03］．http：//news.eastday.com/eastday/13news/auto/news/society/20190731/u7ai8726026.html.

27 文汇报．上海垃圾分类绿色积分将可在线兑换［EB/OL］．中国文明网，（2016-12-13）［2020-10-04］．http：//www.wenming.cn/syjj/dfcz/sh/201612/t20161213_3942614.shtml.

28 唐子匀，李庆海．“绿色积分”当钱花，居民积极参与垃圾分类．［EB/OL］．东北新闻网，（2019-08-30）［2020-10-04］．http：//liaoning.nen.com.cn/system/2019/08/30/020919600.shtml.

29 任俊峰．高新区全面推进生活垃圾分类，建立绿色积分账户［EB/OL］．青岛新闻网，（2019-07-08）［2020-10-04］．http：//news.qingdaonews.com/qingdao/2019-07/08/content_20514122.htm.

工积分法，也就是由志愿者、督导员、社区工作者等手工对居民的垃圾分类行为进行记录和积分。[30]更多的社区会借助智能垃圾桶、大数据等技术手段实现对居民垃圾分类行为的积分。例如，北京市东城区某小区的居民可通过扫描二维码自主对分好类的垃圾进行倾倒、称重和积分。[31]以“绿色积分”“绿色账户”为代表的正向政策激励手段，在一定程度上确实对居民的垃圾分类行为起到了助推作用，提升了居民垃圾分类的积极性，增强了居民垃圾分类的意识。[32]

（二）垃圾分类政策奖惩机制存在的问题

就惩罚措施而言，仍然存在有法不依、执法主体缺位、执法程序不规范、执法力度不到位等现实问题。[33]由于垃圾分类是关系到全社会千家万户、各行各业的系统工程，如果要达到对社会公众足够的规制力和约束力，那么就必然需要政府投入大量的执法资源。根据相关报道，北京市自2020年5月1日推行强制垃圾分类以来的10个月内，城管执法部门共检查了垃圾分类责任主体单位85万多家次，共发现问题1.95万家次，存在问题率为2.43%，根据《北京市生活垃圾管理条例》查处生活垃圾分类违法行为16 959起。[34]虽然执法力度不可谓不大，但总体看来公众对违法担责的感知度仍然不高。在执法资源本已有限的现实条件下，要再增加对垃圾分类行为的监督和执法，对很多地方政府而言都是巨大的挑战，最终导致

30 庄琦欣．设绿色积分光荣榜［N/OL］．新民晚报，2019-03-11［2020-10-04］．http：//xmwb.xinmin.cn/html/2019-03/11/content_26_2.htm.

31 张静雅，等．小区垃圾分类用上智能垃圾桶，可自动称重兑积分［N/OL］．新京报，2019-06-06［2020-10-04］．http：//bj.news.163.com/19/0606/08/EGVOD5LM04388CSB.html.

32 肖恩．上海垃圾分类实验：设绿色账户积分，市民每月得实惠［EB/OL］．界面新闻，（2019-02-28）［2020-10-04］．http：//finance.sina.com.cn/roll/2019-02-28/doc-ihrfqzka9831017.shtml.

33 赵衡．落实垃圾分类应加大执法力度［EB/OL］．环卫科技网，（2013-08-24）［2020-10-04］．http：//www.cn-hw.net/html/shiping/201308/41830.html.

34 北京市城市管理综合行政执法局．BTV《北京您早》市局：垃圾分类十个月：查处生活垃圾分类违法行为16959起　本月北京垃圾分类专项执法检查“进校园”［EB/OL］．（2021-03-03）［2021-04-17］．http：//cgj.beijing.gov.cn/art/2021/3/3/art_3170_598304.html.

执法力度不到位，甚至出现有法不依的局面也就不足为奇了。

就奖励措施而言，目前也存在一系列的问题。首先，对于物质激励的强调会强化居民参与垃圾分类是为了获取物质回报的动机，而不利于垃圾分类实为公众应尽责任和义务意识的培养。其次，“绿色积分”“绿色账户”这类激励措施如果要长期执行并达到较好的效果，势必需要大量的资金投入。从垃圾的构成种类来看，除了有一定经济价值的可回收物，其他种类垃圾的经济价值很低或者没有，若对这一类垃圾实行物质奖励，则不符合基本的价值规律。目前，各地的“绿色账户”往往是与智能垃圾桶等技术手段一起绑定运行的，运营的主体主要来自第三方企业，但所需的资金主要还是来自政府购买等财政支持。[35]在现有的社会条件下，政府购买这种资金来源其实并不稳定，一旦失去公共财政的支持，那么“绿色账户”这一类物质激励措施就可能难为继了，这会使公众对垃圾分类政策产生负面印象，影响公众持续参与的积极性。最后，目前各地逐渐通过立法确定了垃圾分类是公民的责任义务，过度使用经济激励也显得有些不合时宜。

（三）优化垃圾分类政策奖惩机制的路径

基于以上在奖惩机制方面存在的问题，我们可以从以下几点着手改善垃圾分类政策奖惩机制的效果。首先，在执法资源短时间内无法大幅增加的情况下，可以通过明确执法主体、规范执法程序等方式提高执法效率。在多元主体参与垃圾分类治理的背景下，政府将监督责任层层分解给不同的主体，如物业公司、垃圾清运公司、环卫部门等。物业公司作为直接与居民接触的主体，需要负起对居民垃圾分类投放行为的监督责任，而政府相关部门可以通过监督物业公司达到监督居民个体的目的。其次，“绿色积分”“绿色账户”这类的政策激励可以使

35 与环保社会组织“厦门好猫”负责人的访谈，2020 年 4 月 22 日。

用，但是不能单纯以物质激励为基础，可以尝试将积分与公民的信用评分、道德荣誉相挂钩。例如，2020年4月2日上海市绿化和市容管理局发布了《关于完善绿色账户激励机制的指导意见》，明确“绿色账户”积分将从以兑换实物为主拓展到以服务、权益、荣誉为主，各级财政性资金将逐步退出“绿色账户”积分兑换。“绿色账户”积分今后将能兑换一些高品质的服务或权益，如社区养老服务、一些银行合作单位的VIP服务或网络支付平台、电视购物频道的会员权益。简言之，就是从物质激励向精神激励转变。[36]最后，对于确实有一定经济价值的可回收垃圾，在对其经济价值做出科学核算的基础上可以给予合理的经济补偿。

二、不应追求餐厨垃圾处理捷径

餐厨垃圾主要是居民和社会单位在生活消费和经营过程中形成的源自食物的废弃物，包括家庭、学校及餐饮行业等产生的食物加工下角料和食用残余。餐厨垃圾按产生源可分为两类，一类是厨余垃圾，主要产生于社区居民；另一类是餐饮垃圾，主要产生自餐饮行业。餐厨垃圾具有含水率高、有机物含量高、高油脂、高盐度，容易发酵、变质、腐烂等特点。这些特点不仅使餐厨垃圾容易滋生病原微生物，产生大量病毒，而且会散发恶臭和大量温室气体，若处理不当，则会产生严重的环境问题。我国是餐厨垃圾产生量大国。据统计，2000年我国餐厨垃圾的产生量已达4 500万t，而到2018年则攀升至10 800万t，给我国生活垃圾的可持续管理带来了严峻的挑战。[37]因此，科学、合理地处理餐厨垃圾成为目前城

36 上海市人民政府新闻办公室．申城绿色账户将淡化“以分换物”，积分兑换将以服务权益荣誉为主［N/OL］．解放日报，2020－04－12［2020－10－04］.http：//www.shio.gov.cn/sh/xwb/n782/n783/u1ai24327.html.

37 2019年中国垃圾分类行业发展现状，厨余垃圾处理是垃圾分类的核心［EB/OL］．搜狐网，（2019－07－03）［2020－10－04］.https：//www.sohu.com/a/324594831_120113054.

市垃圾治理工作亟须解决的重要问题。

目前，我国的餐厨垃圾处理技术主要包括末端处置技术和资源化处理技术。其中，末端处置技术主要有焚烧法、填埋法，资源化处理技术主要有好氧堆肥、饲料化处理、厌氧发酵等。[38]末端处置技术往往项目投资大、运行成本高，且缺乏回收利用工艺，容易造成资源浪费。在资源化处理技术方面，我国超过80%的厨余垃圾处理厂均采用厌氧发酵的方法，但这种方法也面临工程投资额度不小、工艺链条复杂和投资回收周期长的问题。正是在餐厨垃圾处理面临诸多困境的背景下，一些商家瞄准政府和社会需求，抓住商机，大力研发各种餐厨垃圾处理“神器”，如厨余粉碎机和“快速堆肥机”，并将其作为技术捷径推销给居民和社会单位。但是这些“神器”是否真的神奇，是否真能发挥预期的效用，还需要我们持审慎的态度。

（一）处理“神器”只是将垃圾转移

厨余粉碎机作为新型环保厨房电器，表面上提供了一种简便的方法处理厨余废物。一般而言，这类设备安装于厨房水槽下，并与排水管相连，通过小型直流或交流电机驱动二级、三级研磨刀盘或最新的无刀盘研磨技术，再利用离心力将粉碎腔内的食物垃圾进行多次粉碎后排入下水道。这种厨余垃圾处理方式于普通居民而言，可以减轻家庭干湿垃圾分类的时间成本，在极大程度上使家庭厨余垃圾的处理过程便捷化。对于作为厨余垃圾管理方的各级政府部门和垃圾处理单位而言，它减轻了厨余垃圾清运处理的工作负荷，也降低了城市垃圾的二次分拣的成本。正因此，厨余粉碎机在一定程度上得到了一些政府部门的认可和消费市场的欢迎。

---

38 李明俊．餐厨垃圾处理行业技术发展现状与市场趋势分析 厌氧发酵为主流方法［EB/OL］．北极星固废网，（2019-05-08）［2020-10-04］.http：//huanbao.bjx.com.cn/news/20190508/979215.shtml.

但是笔者在调研和访谈中发现，厨余粉碎机在中国家庭中基本不具备使用推广的条件，甚至要从根本上否定这种技术的实际应用。一方面，厨余粉碎机之所以让人感觉厨余垃圾“消失”了，是因为它将厨余垃圾混入生活废水排走了。此过程的本质是固液混合（厨余垃圾是固体废物，生活废水是液体废物），结果是将易腐的有机质处理从固废处理系统转移到污水处理系统。因此，这种所谓的垃圾处理其实只是另一种更为隐蔽的“垃圾转移”。而污水处理系统对混入废水中的厨余有机质的处理核心过程是固液分离，其难度比生活垃圾分类（“固固分离”）要高得多。固液分离后的主要产物污泥，因其质量约90%是水，还需进一步进行干化才能完成最终的处理，所以成本投入更大。此外，固液混合后，厨余垃圾会为污水中的各种污染物所污染，其后续被分离出来的有机质的可被利用性和价值相对于垃圾分类后的有机质低很多，有害性却会高很多。另一方面，厨余粉碎机的使用前提是城市污水管网充分完善，保证小区家庭排放的污水能有效收集到污水处理厂。然而，现实情况却是我国城镇基础设施建设相对薄弱，社区已有的污水管道与厨余垃圾粉碎设备所需的管网不配套。具体而言，目前国内大多数住宅区的污水管网在管径、坡度、水位、水泵的设置等多种条件因素上还不够健全，粉碎的厨余垃圾难以流到污水处理厂，甚至容易造成污水管道堵塞，给居民的日常生活造成巨大影响。尤其是一些污水处理设施老化的老旧小区则更不适合推广厨余粉碎机，否则对于城市污水管网的负面效应将更为明显。此外，部分城市的管网存在雨污混接的现象，如果厨余垃圾的污水通过雨水管道直接排入江河，那么结果更加得不偿失。

（二）警惕急功近利的“快速堆肥机”

近些年，为了做好厨余垃圾源头的减量化处理，社区堆肥成为一种被倡导的方式。社区堆肥，顾名思义，是指在社区本地通过生物处理技术（堆肥、厌氧发酵等）将厨余垃圾、植物残渣等废弃有机物变为肥料，以此在社区内建立厨余垃圾的闭环模式，实现厨余不出社区。社区堆肥不仅是实现厨余资源化利用的一条成本低、环境友好、有益于土壤改良和生态农业发展的路径，而且能够有效促进社区教育、推动家庭垃圾分类、培育居民环保意识。目前，在国际上为了破解厨余垃圾处理的难题，有些国家已经开展了“集中产生者”就地处理堆肥的做法，如印度的班加罗尔初步形成了一条“堆肥设计咨询—堆肥原料和设施生产—日常运营管理—堆肥产品销售”的产业链。[39]我国当前正处于社区堆肥的探索期，如在万科公益基金会和北京沃启公益基金会的支持下，国内一些社会组织较早地开展了一批社区厨余堆肥的试点项目，像社会组织“成都根与芽”“青岛你我”已经在成都和青岛分别探索了垃圾分类与堆肥形成的全流程分类，尝试厨余垃圾的就地化处理。

不过在社区堆肥起步之前，市场上已经涌现出一种所谓的餐厨垃圾“快速堆肥机”。这种“神器”不仅被用于社区厨余垃圾处理，也被有些餐饮单位引进。需要说明的是，此处所说的“快速堆肥机”是指自称或被称作24小时“堆肥机”，并声称其产品可直接还田使用的机器，而并非用于餐厨垃圾体积减容且不进行堆肥化利用的机器。例如，在某购物网站上“快速堆肥机”的售价在2 000～6 000元且销售非常火爆。有商家宣称其堆肥机通过对堆肥温度、湿度、供氧量等参数的控制，能够使有机废弃物在24小时内经过高温发酵分解成为生物有机肥，最终可直接施于农田土壤，或用于园林绿化，或深加工成有机肥料进行市场销售。[40]相比之下，普通的堆肥过程一般包括粉碎、发酵、腐熟几个单元，自然降解的过程需要1～2个月才能转化为有机肥料（此过程也可以加入一些菌剂辅助）。

---

39 李长军．处置厨余垃圾，堆肥是“盆景”还是利器［EB/OL］．澎湃新闻，［2020-11-11］．https：//www.thepaper.cn/newsDetail_forward_9926484.

40 陈玺撼．垃圾分类催生处理“神器”！粉碎机、堆肥机在上海“吃”垃圾，肠胃能适应吗？［EB/OL］．上观新闻，［2020-10-01］.https：//www.shobserver.com/news/detail？ id=157934.

然而有专家指出，24小时“快速堆肥机”除包括粉碎和发酵工艺外，还多出了前脱水、除臭和后烘干3个单元，整个过程被压缩到24小时，且为保证出肥时间，主体温度均在70℃以上，有些甚至达到100℃，这样看来设备本质上为一个烘箱。[41]如果参照《有机肥料》（NY 525—2012）和《生物有机肥》（NY 884—2012）的规定对其进行评价，24小时“快速堆肥机”产品因未腐熟，碳氮比过高，并不适合农田施用，且该过程会产生大量酸性物质，施用后会导致土壤环境恶化。由此可见，24小时“快速堆肥机”的主要作用是去除原料中的水和其他挥发性成分，而不是进行微生物繁殖。其原料体积是因脱水而实现的减量，并非微生物的作用。尽管它在一定程度上满足了人们对于快捷、方便和自动化的需求和心理期望，但其本质上只是迎合了市场垃圾快速减量的需要，并不能从根本上实现变废为宝。

总之，对餐厨垃圾的无害化、资源化处理利用是包括家庭厨余垃圾在内的各类生活垃圾治理工作的重点，为实现这一目标，应用可靠、适宜的技术已是政府、企业与个体的普遍共识。然而，由于当下社会缺乏足够的耐心和生态知识，致使一些急功近利的技术、产品在市场上肆意横行。在缺乏正确导向的情况下，特别是在可靠的成效评价体系尚未形成之时，非常容易异化成一些象征物的购买、投入，进而变成自欺欺人的“假游戏”。就目前现实的情况来看，一方面，各方有必要对任何宣称“快捷”“速成”的产品保持谨慎态度，政府也应加强对市场上餐厨垃圾处理技术、设施、设备的资质审查，切勿再让一些“伪解决方案”、不适用技术、不合格产品充斥市场，以致造成“劣币驱逐良币”的后果。另一方面，在基层社区推进垃圾分类管理的过程中仍需坚持科学的引导方向，谨慎选择、使用契合社区现实状况的厨余垃圾处理方式，做好因地制宜、因

41 南京大学（溧水）生态环境研究院．24小时“堆肥机”产品：肥料？废料？［EB/OL］．LIEE，（2019-07-26）［2020-10-04］．https：//mp.weixin.qq.com/s/F_9uE8ogBngdq6BwFR88KA.

地施策。在厨余粉碎机不宜广泛使用的情况下，社区层面或可推动厨余垃圾统一集中回收，并运送至所在城市厨余垃圾处理厂进行综合化处理，或可就地探索分散式堆肥或全流程堆肥的模式，也可将这两种方法进行有机结合、互相补充。

在调研访谈中，有专家表示："在现阶段，对于已经有完整的全流程分类的城市，分散式堆肥仍可以让居民更好地认识垃圾分类的意义，让居民了解到分类的垃圾不是被混埋混烧了，而是真正被资源化利用了；对于没有完整链条的城市，分散式堆肥能够将现阶段分类的垃圾直接进行资源化利用，让居民开始接触和认识垃圾分类，能够促进居民从前端开始努力培养习惯，而且即使政府没有完善的配套设施，分类好的垃圾也是可以被利用的。"[42]

三、后端准备好后再推前端

垃圾分类是一个复杂的系统工程，从分类投放、分类收集到分类运输、分类处理环环相扣，缺一不可。当前制约垃圾分类工作开展的一个重要原因是中、后端垃圾分类处置设施和能力的缺乏。笔者从自身的调研和媒体的相关报道发现，即便前端垃圾分类做好了，但是到了中后端又混在了一起，居民看到这种情况后就会大大挫伤其继续参与的积极性，进而影响他们对政府推行垃圾分类政策诚意的信任。复旦大学可持续行为研究课题组的研究表明，分类后垃圾的最终去向和处理结果对居民分类行为的延续是一项关键因素，[43]也就是说，如果居民知晓他们分出来的垃圾得到了很好的分类处理，其分类行为肯定会得到强化；如果发现分出来的垃圾又被混合了，或者没有得到合理处置，他们就会开始怀疑自己行为的意义，继而产生负面反应。

42 与学者李长军的访谈，2020 年 4 月 30 日。

43 李长军，边少卿，薛云舒，等.上海市社区内影响居民垃圾分类效果的关键措施指标研究[J].中国环境管理，2022，14（2）：27−33.

之所以会造成这种尴尬局面，与我国目前的垃圾分类体系建设不完善有着密切的关系，也就是说，垃圾分类各环节之间的系统衔接还存在问题。

一方面，在“垃圾分类就是新时尚”的政策背景下，各地政府都在居民社区、商业场所、企业单位等区域全面推动垃圾分类投放实践；另一方面，在垃圾分类的其他环节却存在缺少规划、能力欠缺等问题。以较早实施强制垃圾分类政策的上海为例，在2019年2月发布的《上海市人民政府办公厅关于印发贯彻〈上海市生活垃圾管理条例〉推进全程分类体系建设实施意见的通知》中，上海市政府要求生活垃圾分类全面覆盖，全市实现居住区、单位、公共场所生活垃圾分类全覆盖，70%以上居住区实现垃圾分类实效达标。[44] 2019年11月14日，上海市发布《关于本市推进生活垃圾全程分类管理情况的报告》，对实施半年的垃圾分类工作进行总结：整体成效好于预期。根据公开报道的数据，上海市1.2万余个居住区的达标率已由2018年年底的15%提升到2019年11月底的90%。[45]截至2019年11月，上海市湿垃圾分出量增长了一倍，达到约8 710 t/d，远超指标量的5 520 t/d。湿垃圾分出量飙升，超出了政府部门的预期和规划，其问题也随之而来——末端处置能力不足，满足不了实际需求。而在同一时间，上海市正在调试运行和已建成的湿垃圾集中处置设施共6座，实际处置能力约为5 000 t/d。[46]

值得注意的是，作为我国经济最发达的城市，上海市尚且面临着厨余处理设施和能力不足的问题，那么其他省市面临的困境可能更大。根据中国环境保护

---

44 上海市人民政府办公厅．上海市人民政府办公厅关于印发贯彻《上海市生活垃圾管理条例》推进全程分类体系建设实施意见的通知［EB/OL］. 上海市人民政府网站，（2019-02-18）［2020-10-05］.https：//www.shanghai.gov.cn/nw2/nw2314/nw2319/nw12344/u26aw58275.html.

45 马肃平．上海垃圾分类180天：累计开出罚单3000多张，湿垃圾厂“吃撑了”［N/OL］. 南方周末，2019-12-22［2020-10-05］. https：//new.qq.com/omn/20191222/20191222A0CZPQ00.html.

46 同上。

产业协会城市生活垃圾处理委员会的研究，2011年全国范围内城市生活厨余垃圾堆肥厂（含综合处理）仅有21家，处理能力为1.48万t/d，实际处理量为427万t/a。[47]当前，我国城市垃圾每年的产生量接近2亿t，其中厨余垃圾约占60%，也就是约有1.2亿t，因此厨余垃圾处理能力不足是显而易见的。[48]

处理设施和处理能力不足的问题不仅发生在厨余垃圾上，根据中国再生资源回收利用协会的研究，目前全国绝大部分地区生活垃圾没有建立完善的分类处理设施，厨余垃圾、可回收垃圾、不可回收垃圾和有害垃圾这四大类垃圾全部进入一条环卫清运轨道，这也是造成分类后的垃圾又被混合收运的根本原因之一。[49]

造成垃圾分类各环节之间脱节的原因主要有两个方面。

其一，“生活垃圾清运网络”和“再生资源回收网络”两个体系之间的割裂造成垃圾分类处置能力的欠缺。20世纪50年代，为解决物资紧缺问题，由供销社系统主导在全国建立起废旧物资回收体系。自改革开放以来，中国经济从计划向市场转型，供销社系统逐渐退出废旧物资回收市场，取而代之的是大量拾荒者、个体回收户、废品回收企业涌入再生资源领域，成为废品回收的主体，自发形成民间再生资源回收网络，这就造成再生资源与其他生活垃圾运转分割的局面。由于市场的逐利性，再生资源回收市场长期存在“利大抢收，利小不收”、市场无序竞争、低价值废品无人问津、回收点脏乱差等问题，这不利于垃圾循环利用。[50]发达国家垃圾治理的历程表明，当社会经济发展到某个阶段后，市场自

---

47 中国环境保护产业协会城市生活垃圾处理委员会．我国城市生活垃圾处理行业2012年发展综述［J］．中国环保产业，2013（3）：20-26.

48 王临清，李枭鸣，朱法华．中国城市生活垃圾处理现状及发展建议［J］．环境污染与防治，2015，37（2）：106-109.

49 潘永刚，周汉城，唐艳菊．两网融合——生活垃圾减量化和资源化的模式与路径［J］．再生资源与循环经济，2016，9（12）：13-20.

50 刘光富，鲁圣鹏，李雪芹．中国再生资源产业发展问题剖析与对策［J］．经济问题探索，2012（8）：64-69.

发形成的民间再生资源回收体系将会逐渐消失。近年来，在上海、北京等特大城市，再生资源市场价格持续走低，废品回收、运输与加工环节的人工、运输、租金等成本不断攀升，导致大量拾荒者、废品回收商退出再生资源产业领域，再生资源回收网络面临何去何从的局面，本应进入再生资源回收体系的垃圾流入环卫清运系统，给末端垃圾处置设施造成巨大压力。可见，由市场自发形成的再生资源回收网络的确出现了萎缩趋势，对垃圾管理的整体局面不利。因此，国家提出的“两网融合”——城市环卫系统与再生资源系统两个网络有效衔接、融合发展，应当是中国城市生活垃圾管理发展过程中的必然路径。[51]

其二，目前的垃圾末端处理方式以填埋和焚烧为主，且焚烧已经成为各地政府更为倾向的处理方式。根据行业研究报告，垃圾焚烧2019年新签订单同比增长34.3%。2018年度全国共开标87个生活垃圾焚烧发电公开招标项目，全年新增垃圾焚烧9.9万 t/d。2019年，全国共开标120个垃圾焚烧发电公开招标项目，总投资超过608.8亿元，全年新增生活垃圾焚烧处理规模13.3万t/d，同比增加34.3%，垃圾焚烧市场依旧强势扩容，新增垃圾焚烧项目呈现向中部转移同时向县城下沉的特点。截至2022年6月，我国垃圾焚烧发电的处理规模已经超过71万t/d[52]。2017年存量垃圾焚烧产能为29.8万t/d，规划产能提升了100%，年复合增速为26%。[53]但是，在某种程度上，垃圾焚烧作为一种为资本增值服务的产业，其大规模规划和建设必然导致对垃圾本身需求的持续增长，这很可能会影响地方

---

51 鲁圣鹏，杜欢政.城市生活垃圾治理“两网融合”实现路径与建议［J］.科学发展，2019（10）：63-69.

52 北极星垃圾发电网.垃圾焚烧发电市场产能过剩？如何解决“吃不饱”难题 案例分享！［EB/OL］.（2022-06-05）［2023-09-07］.https://huanbao.bjx.com.cn/news/20220605/1230434.shtml.

53 杨心成，佘骞.深度报告：垃圾焚烧行业格局好，2019 年新签订单增长 34.3%［EB/OL］.北极星电力网新闻中心，（2020-02-07）［2020-10-06］. http：//news.bjx.com.cn/html/20200207/1040859.shtml.

政府对分类处置设施建设的意愿和兴趣，使混合收运、混合处理的现状得不到改善，并反过来进一步影响居民参与垃圾分类的意愿。

针对以上问题，笔者认为可以从以下几个方面着手改善：

首先，各地政府在推行垃圾分类时需要对相关各环节设施进行通篇布局和规划。2019年7月1日开始实施的《上海市生活垃圾管理条例》中专门提到，市绿化市容部门应当根据国民经济和社会发展规划组织编制本市生活垃圾管理专项规划，并明确指出规划应当包括生活垃圾转运、处置、回收利用设施的布局等内容。[54]从理论上看，根据垃圾的不同种类和分类处理的不同环节，垃圾分类处理设施应分为垃圾转运设施、厨余处理设施、有害垃圾处理设施、可回收垃圾处理设施、不可回收垃圾处理设施。然而放眼全国，目前一般的废弃物管理规划更注重混合垃圾处理设施（垃圾填埋场、垃圾焚烧厂）的建设，但对于厨余处理设施、有害垃圾处理设施、可回收垃圾处理设施的重视程度不够。合理增加分类处理设施、控制混合处理设施的投资建设是规划工作本身应重点改变的一个方面。

其次，政府部门需要做好宣传工作，让公众了解生活垃圾管理的整体规划。必须承认的是，垃圾分类处理设施的建设并不是一蹴而就的事情。后端分类处理设施的建设需要一定时间和资金的投入，如果不能在短期内完成相关设施的建设，那么政府应该向社会公众公布规划方案和时间表。也就是说，政府部门在推动居民参与垃圾分类的同时，也应该让居民及时了解垃圾分类各环节设施建设的进展，争取其理解和信任。

最后，需要加快推动“两网融合”体系的建设，提升分类收运和中转能力。建立完善的回收体系关键在于实现“两网融合”，即通过“生活垃圾清运网络”

---

54 东方网.《上海市生活垃圾管理条例》全文公布，7月1日起施行[EB/OL].央广网，(2019-02-19)[2020-10-05].http：//www.cnr.cn/shanghai/tt/20190219/t20190219_524515637.shtml.

和“再生资源回收网络”这两张网的深度融合，促进源头分类—回收—转运—处理等全过程的有效衔接与融合，尽最大可能将各类生活垃圾从“生活垃圾清运网络”向“再生资源回收网络”分流，以提高生活垃圾的“资源化利用率”，从而减少末端垃圾焚烧和填埋的总量。从生活垃圾全程分类和处置的视角来看，各地必须打通“生活垃圾处置全链条”，形成“政府统筹、社会协同、市场运营、企业落地”的城市垃圾综合治理格局。

启示四 明晰关键主体责权，推动充分参与

一、善用第三方服务

2017年3月18日，国家发展改革委、住房城乡建设部发布了《生活垃圾分类制度实施方案》，鼓励创新体制机制，通过“互联网+”等模式促进垃圾分类回收系统线上平台与线下物流实体相结合；逐步将生活垃圾强制分类主体纳入环境信用体系，通过建立居民“绿色账户”“环保档案”等方式，对正确分类投放的居民给予可兑换积分奖励。[55]在全球信息科技更新迭代极为迅速的时代背景下，随着我国现代信息通信技术的深入发展，国家鼓励“互联网+”和大数据技术介

55 中国政府网．国务院办公厅关于转发国家发展改革委 住房城乡建设部生活垃圾分类制度实施方案的通知［EB/OL］．新华网，（2017-03-30）［2020-10-16］．http：//www.xinhuanet.com//politics/2017-03/30/c_1120726926.htm.

入垃圾分类体系，地方省市积极推行“垃圾智慧分类模式”，促进传统废品回收市场的转型发展和垃圾分类工作的有效实施，“互联网+垃圾分类回收”成为当前垃圾分类治理的新路径。随着“互联网+”的兴起，一批介于政府与居民之间的第三方服务企业不断涌现。从理论上看，相较于传统企业，政府与这些第三方企业之间可以形成优势互补，即降低成本、获取专业化服务等。但是在垃圾分类治理过程中，第三方企业的运营效率和创新性仍存在不足，政府仍要发挥主导作用，不能盲目依赖外包的第三方企业。

垃圾分类是一个包括前端投放、中端收集清运和末端处理三个阶段的闭环系统。目前，我国各大城市积极构建“互联网+垃圾分类回收”的治理体系，目的在于使垃圾分类的不同阶段和每个环节在互联网技术的加持下更加高效、规范和透明。具体而言，一是在前端投放阶段，一方面通过手机App、微信公众号等手段激励社区居民主动参与垃圾分类，使社区居民可以随时随地利用现代信息通信技术预约上门回收服务，将分类好的纸箱、塑料瓶等可回收垃圾交给废品回收人员，从而在节约自身时间成本的同时也能得到一定的现金奖励；另一方面在社区安装相关企业技术研发的智能垃圾箱，让居民通过建立个人账号将分类后的垃圾投放到相应的智能垃圾箱中，再向其账号发放相应的积分。经过一段时间，居民可以利用分类投放积累的积分兑换生活用品等。例如，“垃圾分类创业者”汪剑超创立的成都奥北环保科技有限公司力图通过完全市场化的方式，借助微信、App等移动互联网技术，建立新一代城市垃圾分类与资源化回收体系，帮助政府有效实现垃圾减量化，提升城市废弃物的可持续管理水平和公众的参与水平。[56] 二是在中端收集清运阶段，部分企业逐渐搭建起“互联网+垃圾回收”平台，对生活垃圾的品类、数量、区域分布进行实时监控。考虑到传统垃圾分类收集的难

---

56 打造“互联网+垃圾分类”2.0版[N/OL].经济日报，2017-06-26[2020-10-16].http：//www.ce.cn/xwzx/gnsz/gdxw/201706/26/t20170626_23855195.shtml.

点在于收集活动密度低、二次分拣利润低且物流成本高，并且垃圾分类收集难以形成规模效应，互联网回收平台的构建可以有效解决信息不对称的问题，实现线上信息流和线下物流的统一，在一定程度上改善了中端收运的问题。例如，2015年10月深圳格林美股份有限公司推出“回收哥”分类回收电商平台，通过互联网的线上平台和线下服务形成线上线下交投的模式以整合资源，节省了各环节的成本，提高了废品回收处理效率[57]，重构了资源回收系统与垃圾环卫系统之间的融合方式。三是在末端处理阶段，探索利用互联网掌握垃圾流向及资源化利用等信息的方式，最终实现每个环节内的“分类化处理”及不同环节间的“分类化衔接”。

近年来，“互联网+垃圾分类回收”模式在城市社区不断推广，但整体上还处于初级摸索阶段，因此政府在垃圾治理中不能当“甩手掌柜”。

首先，避免唯技术论，充分发挥政府主导作用。“互联网+”和大数据时代下的智慧城市和智慧环卫系统被认为是未来解决“垃圾围城”的理想图景，这是由于便捷性是决定生活垃圾分类成败的关键性因素，而技术在某种程度上决定了便捷性的发展空间。[58]然而，“互联网+垃圾分类回收”模式不是简单地把互联网与生活垃圾分类回收拼凑起来，而是要以互联网和物联网等作为技术支撑，将生活垃圾的分类投放、收集运输和分拣处置环节都纳入互联网和物联网的公开、透明运作逻辑之中。更为重要的是，要发挥政府的主导作用，优化政府的指导行为，明确基层政府调控的管理职能。具体来说，一是政府的主导作用突出地表现为环境法规与政策的制定与执行。法律法规的完善对政府购买生活垃圾处理服务

57 许开华，张宇平，赵小婷，等．回收哥O2O平台开启“互联网＋分类回收”新模式［J］．再生资源与循环经济，2015（10）：25–28.

58 冯林玉，秦鹏．生活垃圾分类的实践困境与义务进路［J］．中国人口·资源与环境，2019（5）：118–126.

起到至关重要的作用，政府不能唯“智能桶论”和“技术至上论”，而要针对实际情况制定有关合同签订的细则、服务外包流程、资金使用标准和监督考核等，对当前政府购买服务存在的问题进行法律约束和政策保障。二是基层政府需要因地制宜，营造公平氛围，让企业、社会组织通过合理竞争参与到生活垃圾处理中。维护好生活垃圾处理的市场秩序，统筹把握政府和市场的界限，形成市场和政府相互补充的工作格局。三是实现政府、企业、社会组织、居民和物业单位的多元共治。无论互联网如何运用到垃圾分类回收领域，各相关主体的垃圾分类意识才是最主要的。同时，需要加大宣传引导力度，通过入户、入单位、入门店及微信群等多形式广泛普及垃圾分类知识，发挥多元共治的力量。

其次，避免基层政府过于依赖第三方的情况，坚持党建引领推动垃圾分类工作。借助第三方企业服务，虽然提升了部分居民的垃圾分类意识，吸纳了社会的废品回收人员，但垃圾分类是一个系统过程，如何充分调动居民参与的积极性，实现对垃圾分类全生命周期的管理，考验着各级政府部门和广大基层工作者的管理水平和创新能力。以北京市为例，很多社区为了推广垃圾分类，在政府财政支持下已完成了智能垃圾箱进社区的工作，但后续管理却仍未跟上，导致智能垃圾箱沦为摆设，居民依然按照传统的方式投放垃圾。在大中型城市中，社会公众普遍有较大的工作生活压力，相比纸张回收每千克五六角钱和普通塑料瓶几分钱一个的现实，持续性地使用回收平台的经济动力比较微弱。考虑到社会人员的流动性大、社区共同体意识不强等现实情况，在基层社会治理中，特别是在生活垃圾推广和普及过程中，常常出现宣传工作启动难、分类知识普及难、投放收集监管难等问题。基于此，如何通过党建引领社区治理来破解社区生活垃圾分类难题是目前值得重视的问题。一方面，党建引领生活垃圾分类网格化管理可以在社区内形成垃圾分类管理合力。自新冠疫情暴发以来，我国各地积极建立基层党建引领下的网格化管理新模式，把党组织与社区网格同步设置，采取了线上线下无缝隙宣传、群防群治、联防联控等举措，每天排查辖区内的外来人员和居家隔离人员，实现了源头风险阻隔、传播路径切断、人群安全防护的管理目标，高效完成了各项疫情防控任务。借鉴新冠疫情防控的基层实践经验，将网格化党建与生活垃圾分类管理同步推进，着力构建集辖区党组织、社区居委会、物业公司、业委会、社会志愿者等于一体的工作格局，不断凝聚社区共识，形成横向到边、纵向到底、条块结合的基层党建网络，进而更好地发挥其组织动员社区居民、增强居民生活垃圾分类意识的作用。另一方面，将党建工作与垃圾分类工作深度融合，不断强化专业指导，从而有计划、分步骤地推进生活垃圾分类。在垃圾分类工作中将党员和志愿者的主体责任层层落实，通过平时宣传、专题培训和现场指导等方式引导社区居民做到正确分类、规范分类，进而补齐居民文化程度、年龄层次、文明素养的差异性问题。在此基础上，结合每个社区的实际情况，采取渐进式和差异化的方式推进生活垃圾分类工作。例如，通过上门发放调查问卷、张贴告知征询意见、召开座谈会等形式收集各方意见建议，由党建引领下的领导小组梳理形成符合社区实际、推进生活垃圾分类工作实际的实施方案，明确各小区垃圾箱设置数量和点位，经业主代表大会通过后实施。

最后，企业主体性作用有限，需激发社会组织和公众协同参与。企业作为市场经济主体是社会重要的有机组成，在生活垃圾治理中承担着重要的作用。在城市生活垃圾治理领域引入政府与企业或社会组织合作的PPP模式，使社会资本和技术创新有机结合，有利于转变政府职能，降低公共事业的供给成本。由于没有统一的业务标准和成熟的推广模板，一些地方政府在购买“互联网+”类公共服务的要求下，在竞标垃圾分类服务的企业中更倾向于“互联网+”类型企业。现阶段，第三方企业智能垃圾分类平台的运行水平参差不齐，从分类运输、分类处理到分类利用的全产业链尚未建立。城市垃圾分类的根源在于前端投放碎片化、分类去向不明、回收过程缓慢、后端“散乱污”。推行智能垃圾回收设备，运用

“互联网+”的方法，在一定程度上有助于解决垃圾分类回收的难题。但是现有智能回收设备企业的运营能力相对较弱，全产业链模式中的交易主体频繁，彼此间的协作性较差且协调管理成本较高，这无疑又会不断增加垃圾治理的成本。虽然企业智能回收运营模式在传统的运营模式上结合了信息化，但目前并未改变企业的传统运作模式，体现的多是“互联网+”的概念而已。很多智能回收设备也只是在试点社区推行，其市场化、可持续化的产业链运营模式仍需完善。与此同时，政府将垃圾分类工作交给市场，财政预算重点支持外包企业，但对社会组织的扶持力度较小。随着政府性基金预算收入用于PPP项目的占比不断增加，相应地就挤压了其他社会组织服务的预算经费。在政府、企业和社会组织等主体关系中，政府购买企业生活垃圾服务的科学评估体系尚未形成，购买行为往往体现自身意愿，社会组织则处于较为“被动”的地位。但是垃圾分类源头治理在很大程度上依赖社区居民的自治能力，需要居民主动分类垃圾并按桶投放。因而，基层政府需要加大对环保社会组织的扶持力度，加强规范管理，进一步激发环保社会组织的号召力和影响力，使其成为生活垃圾分类工作的同盟军和生力军。

二、重视生产者责任

2015年6月1日开始实施的《广州市购买低值可回收物回收处理服务管理试行办法》中指出，“低值可回收物，是指本身具有一定循环利用价值，在垃圾投放过程中容易混入其他类生活垃圾，单纯依靠市场调节难以有效回收处理，需要经过规模化回收处理才能够重新获得循环使用价值的废玻璃类、废木质类、废软包装类、废塑料类等固体废物。”[59]近年来，上海、南京、厦门等城市也陆续出台

59 广州市城市管理委员会.广州市购买低值可回收物回收处理服务管理试行办法［EB/OL］.（2015-04-02）［2023-09-04］.https://www.gz.gov.cn/gfxwj/sbmgfxwj/gzscsglhzhzfj/content/post_5486268.html.

了低值可回收物的相关政策。这些政策的出台，一方面，明确了生活垃圾中低附加值可回收物的指导目录。例如，2018年，泉州市将低值可回收物分为废玻璃、废木质、废软包装、废塑料共四大类[60]；2020年，厦门市将其分为五大类，分别是废玻璃、陶瓷类、废塑料、废纸、废纺织衣物[61]。各地区制定的目录品类有所不同。另一方面，政府积极探索低值可回收物的处理路径，明确由政府对企业在辖区内回收利用的低附加值生活垃圾可回收物按照其回收总量给予补贴，用于市场价格补贴及对分类、回收、转运、处置等环节投入的支持。例如，上海市虹口区政府的补贴标准按照生活垃圾处置费每吨221元执行[62]，具体标准由上海市各区自行制定，补贴资金由区级预算保障，按年度纳入区绿化市容局部门预算的专项经费；泉州市对低值可回收物每吨补助运费186元，由市、区两级各分担一半。

低值可回收物总量庞大，在居民生活垃圾总量中占较大比重。由于其回收成本一般高于销售价格，处理成本也高于作为再生资源的价值，一直面临着回收分拣动力不足的困境。在市场"失灵"的背景下，政府主动介入，长期对低价值回收物进行补贴是弥补其缺陷的一种方式。但实际上这种补贴短期可行，长期却难以为继，低值、难回收垃圾问题只靠补贴是得不到根本性解决的。一方面，低附加值可回收物受回收价格波动幅度大、回收物流成本较高、资源利用渠道不稳定等因素的影响，难以做到应收尽收，直接影响了回收利用率，增加了生活垃圾末

60 泉州市城市管理局.泉州市低值可回收物分类收运处理经费补助办法（试行）［EB/OL］.（2018-11-07）［2023-09-04］.https://zjt.fujian.gov.cn/ztzl/wqzt/shljfl/jyjl/201811/t20181107_4590485.htm.

61 厦门市生活垃圾分类工作领导小组办公室.厦门市生活垃圾低附加值可回收物指导目录［EB/OL］.（2020-07-16）［2023-09-04］.http://www.maidiannet.com/contents/9/16817.html.

62 虹口区发展和改革委员会.虹口区低附加值生活垃圾可回收物补贴实施细则［EB/OL］.（2018-08-23）［2023-09-04］.https://www.shhk.gov.cn/hkxxgk/showinfo.html?infoGuid=f6e7630b-9863-48f7-a81e-fa8adfb029c5.

端处理的压力。当前，随着经济发展情况和回收利用的需求变化，低值可回收物的市场价格波动较大，即便是高价值可回收物的价格也一直下滑。在一、二线城市里，居民和回收者的收集积极性普遍较低，无法得到回收的低价值废弃物最终只能被当成“放错的资源”进行垃圾焚烧或填埋处理，这种局面肯定与当前强制垃圾分类的政策导向相悖。另一方面，高税负率是造成企业回收成本高，低值可回收物市场竞争力低、经济效益差的一个重要因素。再生资源回收行业在2011年以前一直享受增值税全免或按一定比例退税的税收政策。自2011年起，再生资源回收企业与其他一般纳税人一样，向下游加工企业销售再生资源时，只能按照销售额全额缴纳13%的增值税，加上地方附加税，再生资源回收企业的总税负达15%以上，远高于一般行业企业水平。《资源综合利用产品和劳务增值税优惠目录》（财税〔2015〕78号）中规定，由再生资源生产的产品可以按不同的品种，依据一定的比例取得退税。但是其设置的条件苛刻、标准过高，政策覆盖面窄，只有极少数再生资源加工企业能够满足要求。例如，综合利用废塑料、废纸、废玻璃、废旧生活用品、废旧电器电子产品生产的产品可以分别按50%、50%、50%、30%、30%退增值税。[63]在回收利用链中，前、后环节都有一定程度的税收优惠，唯独中间环节的回收却全额纳税。不解决回收企业税负过高的问题，就不利于顺利推进低值可回收物的回收及调动回收企业的积极性。

为使低值可回收物得到合理的回收利用，从而解决我国“垃圾围城”和环境污染的难题，缓解我国资源短缺的困境，需要政府建立健全适用的低值可回收物回收利用法规体系及其实施细则，完善城市生活垃圾中低值可回收物的目录明细，力争覆盖其全品类。借鉴德国、日本等循环利用法律体系比较健全的国家的

63 上海市再生资源回收利用行业协会.浅谈对回收低值可回收物给予专项资金补贴的问题[EB/OL].（2017-08-07）［2023-09-04］.http：//www.sh-recycle.org/articledetail.asp?id=3134.

经验和做法，构建以《中华人民共和国宪法》为统率，以《中华人民共和国环境保护法》为基础，以针对某类低值可回收物循环利用单项法为支撑的法律法规体系。通过结合不同品类低值可回收物的特点，制定出具体的实施细则，进一步增强政策执行力。此外，还应根据不同低值可回收物的品类，立法建立生产者责任延伸（extended producer responsibility，EPR）制度。在明确生产企业、销售部门、居民等相关方对低值可回收物的回收处置责任与义务的同时，政府将补贴转为生产者付费，并选择性地为低价值废弃物的回收再利用提供资金保障。以韩国为例，其EPR政策不是由韩国政府直接参与垃圾管理，而是把责任分摊给生产商，政府层面的管理行为是收取负担费用并进行相关监管工作。韩国对于垃圾的每个品类都有相应的协会或组织，政府的任务是设定明确的品类循环利用目标，若企业未能达标，则会被处罚。目前，80%以上的企业选择通过第三方组织，即各种产品品类的生产者再利用行业协会，如负责电子产品回收再利用的韩国电子产品循环利用公社（KERC）等履行回收责任。如果企业不履行EPR制度，他们收到的罚单将是交给KERC管理费的3倍。高处罚成本推动几乎所有韩国的电子产品生产企业都与KERC签订了合同，由KERC负责电子垃圾的回收工作。与此同时，处理产品垃圾的费用也反映在价格机制上，如电池价格中有约70%是用于回收和循环再利用废弃电池的。为促使企业产品更有市场竞争力，企业会努力减少垃圾处理的费用，从而倒逼企业从源头减量。韩国垃圾填埋或焚烧的成本非常高，以焚烧为例，政府经营的焚烧厂焚烧垃圾的费用每吨为12万～15万韩元（约692～866元人民币），民间经营的焚烧厂焚烧垃圾的费用每吨为24万～30万韩元（约1 385～1 732元人民币），这是中国国内垃圾焚烧费用的10倍以上。填埋和焚烧的高成本形成一种倒逼机制，迫使生产商不断减少垃圾的填埋量和焚烧量，并提高垃圾回收再利用率。由此，来自焚烧、填埋端的价格机制和来自EPR制度端的惩罚机制共同推动韩国企业一方面减少垃圾的产生，另一方面与行业的循环再利用协会合作进行产品垃圾的回收和循环利用。可见，EPR政策的核心是将生产者对其产品的责任延伸到产品全生命周期，特别是废弃后的处理阶段。EPR政策对回收难度大、处理成本高、环境危害性强的低值可回收物体现出显著优势。

三、推动政府机构中非住建、环卫部门的积极参与

在调研中，专家谈到的一个高频词是“九龙治水”。这个形容行政体系多头管理、条块分割的词也被认为是垃圾分类的一大障碍，对此笔者做了一些分析。

一方面，多部委涉及生活垃圾分类管理，但职责边界模糊，参与程度不合理。生活垃圾管理涉及生态环境、住房城乡建设、发展改革、财政、农业农村等多部门，不同部门根据其职责差异参与生活垃圾的管理工作，但生活垃圾分类管理存在明显的线性分割特征。然而，中央机构之间的跨部门协调比较困难，几乎所有涉及生活垃圾分类管理的部门都可以根据其职能制定相应政策，难以突破部门边界实现有效整合、统一供给。在生活垃圾全生命周期管理中，生活垃圾分类管理的权力职责集中在住房城乡建设部（表1），其他政府部门之间很难就生活垃圾分类管理展开信息沟通和有机协作。与此同时，相对于经济发展和基础设施建设而言，政府部门对生活垃圾分类管理的动力远远不足。多目标发展下，政府部门的职责会发生偏离，垃圾分类主体的利益复杂化加剧了主体之间的“缝隙”和竞争关系，使各主体之间难以建立协作关系。在压力型体制下，受部门利益驱使，生活垃圾分类管理涉及的众多部门建立协同机制的成本太高。

另一方面，生态环境和农业农村两个部门的行政效能尚需得到更好的发挥。我国对于城市垃圾的处理手段仍以垃圾填埋为主，其次是焚烧和堆肥。在垃圾处理量逐年递增、垃圾处理过程中焚烧占比增长较快的情况下，对大气、环境造成

表1 住房城乡建设部与生态环境部发布垃圾分类政策的情况

序号	发布部门	发布时间	政策内容
1	住房城乡建设部	2020.08.18	《住房城乡建设部办公厅关于公布2020年农村生活垃圾分类和资源化利用示范县名单的通知》
2		2020.06.16	《住房城乡建设部办公厅关于组织推荐农村生活垃圾分类和资源化利用示范县的通知》
3		2019.04.26	《住房城乡建设部等部门关于在全国地级及以上城市全面开展生活垃圾分类工作的通知》
4		2017.12.20	《住房城乡建设部关于加快推进部分重点城市生活垃圾分类工作的通知》
5		2017.06.06	《住房城乡建设部办公厅关于开展第一批农村生活垃圾分类和资源化利用示范工作的通知》
6		2016.12.22	《住房城乡建设部关于推广金华市农村生活垃圾分类和资源化利用经验的通知》
7		2014.03.14	住房城乡建设部、国家发展改革委、财政部等部委《关于开展生活垃圾分类示范城市（区）工作的通知》
8		2009.07.28	住房城乡建设部标准定额司关于同意福建省地方标准《城市生活垃圾分类标准》备案的函
9		2009.04.28	《住房城乡建设部关于开展生活垃圾分类收集工作情况调研的通知》
10	生态环境部（原环境保护部）	2013.11.11	环境保护部印发《农村生活污水处理项目建设与投资指南》《农村生活垃圾分类、收运和处理项目建设与投资指南》《农村饮用水水源地环境保护项目建设与投资指南》《农村小型畜禽养殖污染防治项目建设与投资指南》四项文件

资料来源：笔者根据“北大法宝”整理而得。

的影响更加明显。无论是露天堆放的垃圾场，还是不能满足需求的垃圾填埋和焚烧处理方式，都会对大气环境、地下水环境等造成污染。在推进生活垃圾分类管理的过程中，应由生态环境部门担负监管职责，减少垃圾的环境污染影响，但因相关部门间缺乏沟通和配合，生态环境部门难以制定系统完善的工作规划和监管机制。值得注意的是，餐厨垃圾已经成为影响人们健康和周围环境安全的重要因素，采取有效的方式管理和控制厨余垃圾的产生、无害化处置厨余垃圾已刻不容缓。农业农村部门是依法对农业环境保护工作实施监督管理的政府机构，其职能部门负责农村生态环境保护工作，但随着厨余垃圾养猪事件频发和非洲猪瘟病毒暴发，农业农村部门的行政效能需要得到更好的发挥。

总体来说，垃圾分类领域“九龙治水”的现象确实存在，在垃圾分类管理中涉及多个政府部门，是一个复杂的系统工程。虽然垃圾源头分类、收集运输、末端处理环节已经分属不同部门管理，但存在多部门管理的权限不够明确、职责有重叠交叉的现象。然而，“九龙治水”并非只有负面作用，公共管理需要一定的部门分工，关键是如何做到责权明确、做好相互协作。从这个角度看，笔者认为“九龙治水”背后更真实的问题是，作为垃圾分类工作中最大的一条“龙”，住房城乡建设部应承担起垃圾分类整体推动和协调的重任，其他相关部门做好参与和协作。随着我国对垃圾分类工作的愈加重视，亟须府际协同合作治理。第一，需要明确政府各部门的职责范围，改变相关部门职能缺失的现状。无论是住房城乡建设部还是生态环境部都应更加明晰主管范围，建立良性的协调沟通机制。同时，需要建立一个更高位阶、跨部门的机构或机制，以完善整个垃圾管理的顶层设计与部门协调。第二，加强生活垃圾分类管理的相关法律制度建设。目前，地方生活垃圾分类管理工作普遍看来多是城管部门的“单打独斗”。地方政府应该在相关法律法规的指导下，根据各区域实际情况，制定适合该区域内生活垃圾管理的相关制度，并且各部门都应遵照执行，实施情况由工作组进行监督指导，以使生活垃圾分类工作更加专业化，各种资源也能够得到最科学的分配与最大限度的运用。第三，构建多元主体共同参与的利益协调机制。在跨行政区环境治理的过程中，各地方政府所处的区位位置、资源条件、经济发展情况有差异，因而导致不同地区合作中出现收益不平衡的现象，劣势的一方参与合作的积极性就会下降。为此，及时进行利益协调十分必要。

第　二　篇

CHAPTER 2

国外经验

案例一
“无废城市”之路：韩国实践与经验

一、韩国生活垃圾治理成效

韩国是全球资源循环利用实践最优秀的国家之一，其生活垃圾治理的经验和成效为其他国家提供了参考样本。尤其是对于中国而言，在相似的文化背景下，韩国无废城市建设经验具有重要的借鉴意义。韩国国土面积狭小、人口密集，以首都圈中的首尔市为例，其行政面积约为605.25 km^2，占韩国国土面积的0.6%，2018年的人口达到1 004万，占全国人口数量的20%左右。20世纪90年代，人口密度高的首都圈面临严重的垃圾管理问题。1992年，首都圈在仁川市兴建了世界上最大的垃圾填埋场，占地面积近17 km^2。从20世纪90年代到21世纪初，首尔相继建设了4座大型垃圾焚烧厂。1994年，首尔近80%的生活垃圾被填埋或焚烧处理，仅有20%的生活垃圾得到重新利用。

首尔在20世纪90年代兴建垃圾填埋场和焚烧厂的举措遭到社会公众的强烈反对，面对日益增加的生活垃圾，该市很难再新建填埋场或焚烧厂，政府不得不积极探索生活垃圾的循环利用和源头减量措施。在过去的30余年，韩国政府建立了世界领先的垃圾管理和资源循环利用政策体系，包括1995年开始实行的垃圾收费从量制、2003年开始实行的EPR制度等。政府、市场、社会等多元主体都积极参与到垃圾的源头减量和循环利用过程中，形成了良好的互动格局。

从1995年韩国开始实行垃圾从量制后，首尔的生活垃圾产生量明显下降，由1994年的1 5397 t/d降至2017年的9 217 t/d，减少了约40.1%。由图1可知，首尔生活垃圾的填埋量大幅减少，由1994年的12 103 t/d降至2017年的799 t/d，占比由原来的78.6%降至2017年的8.7%；同时，生活垃圾的循环再利用率大幅上升，由1994年的20.5%升至2017年的67.0%。

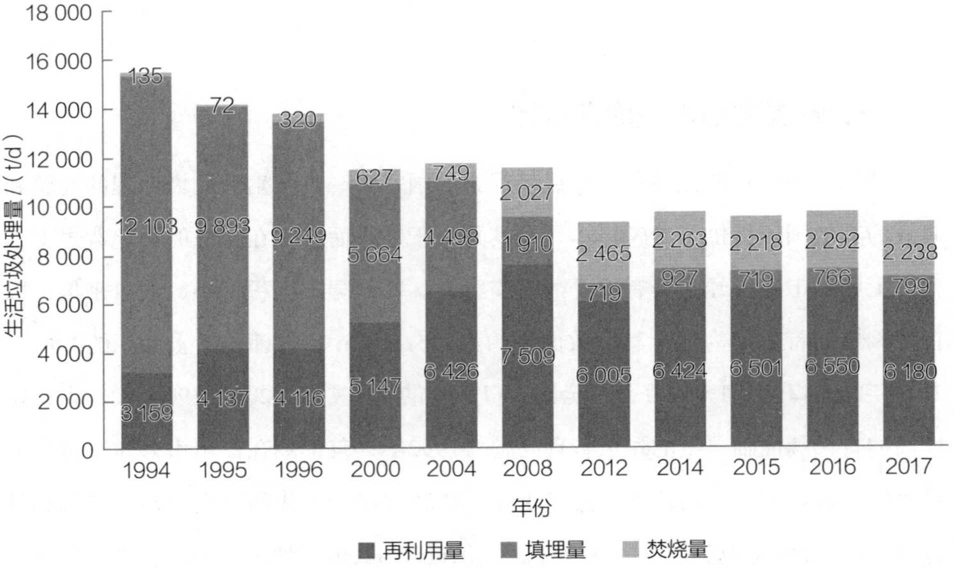

图1　首尔生活垃圾处理情况

（资料来源：根据首尔市政府调研资料整理而成）

同期，韩国生活垃圾的填埋/焚烧量大幅下降（图2），由1994年的49 218 t/d降至2016年的21 519 t/d，减少了56.3%；相应地，韩国生活垃圾的再利用量由1994年的15.3%升至2016年的60.0%。由此，韩国人均日产生活垃圾量由20世纪90年代初的2.3 kg降至2016年的1.01 kg（图3）。

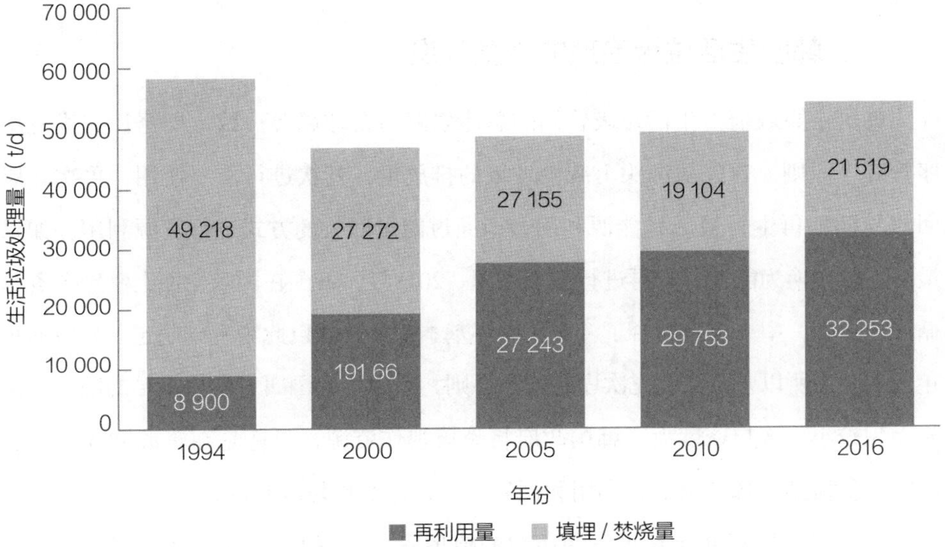

图2 韩国生活垃圾处理情况

（资料来源：根据韩国零废弃联盟调研材料整理而成）

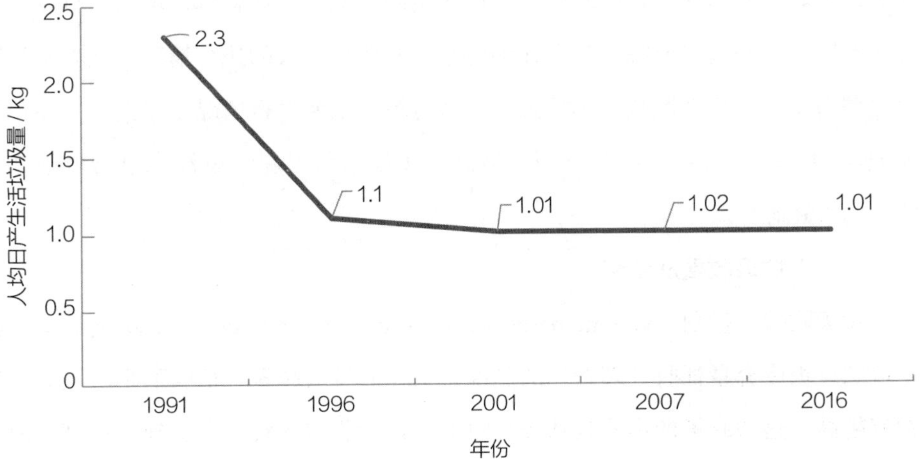

图3 韩国人均日产生活垃圾排放情况

（资料来源：根据韩国零废弃联盟调研材料整理而成）

二、韩国生活垃圾治理的制度建设

韩国中央政府对生活垃圾管制的总体思路与全球趋势一致，即坚持“优先次序管理”原则。首先从源头上减少垃圾的排放量，其次进行重复使用，再次开展回收与循环再生，最后是能源利用，即通过能量回收的方式进行资源利用，如果最终不能转换为能源，则再进行填埋处理。2018年，韩国在国家层面上制定了资源循环的目标，中央政府出台了《资源循环基本法》，并以此为基础制定了相应的10年规划。之所以坚持“优先次序管理”原则，是因为韩国属于资源不足的国家，国土面积较小、人口密度大，韩国政府将垃圾视作资源，目标是在资源循环的生态链中尽量做到全部垃圾的再利用和循环再生，以实现垃圾利用最大化。

通过对韩国近30年垃圾管制历程的梳理发现，3种典型政策在韩国垃圾分类实践和无废城市建设中起到根本性、全局性和关键性的推动作用，分别为垃圾收费从量制、EPR制度和押金制。为了更准确地了解这些典型政策的内容和政策目标等，笔者调研访谈了韩国政府的环境政策制定部门，如韩国环境部、首尔市政府和韩国国家环境研究院。为了详细考察这些典型政策的执行情况，笔者有针对性地调研了首尔松坡区政府和社区的厨余垃圾从量制执行情况、乐天玛特超市的玻璃瓶押金回收现状，以及不同垃圾品类（如包装材料、电池、电器电子产品等）的EPR制度。

（一）垃圾收费从量制

垃圾收费从量制（volume based waste collection fee system），顾名思义，就是按照垃圾废弃量征收处理费用的制度，扔掉的垃圾越多，征收的生活垃圾处理费就越高。这项政策的本质是从按户收费到计量收费的转变。实施从量制以前，韩国每家征收的生活垃圾处理费用以家庭为依据计算出固定数值，无论每月投放多少垃圾均按照同一标准收费，这导致大部分韩国人无法意识到减少垃圾投放、增加物品回收利用的必要性。

韩国将生活垃圾分为四类，即一般生活垃圾、厨余垃圾、可回收垃圾和大型生活垃圾。从量制征收的垃圾品类主要为一般生活垃圾和厨余垃圾。这两种垃圾品类的从量制政策演变过程如图4所示，均经历了先试点再全市或全国执行的过程。

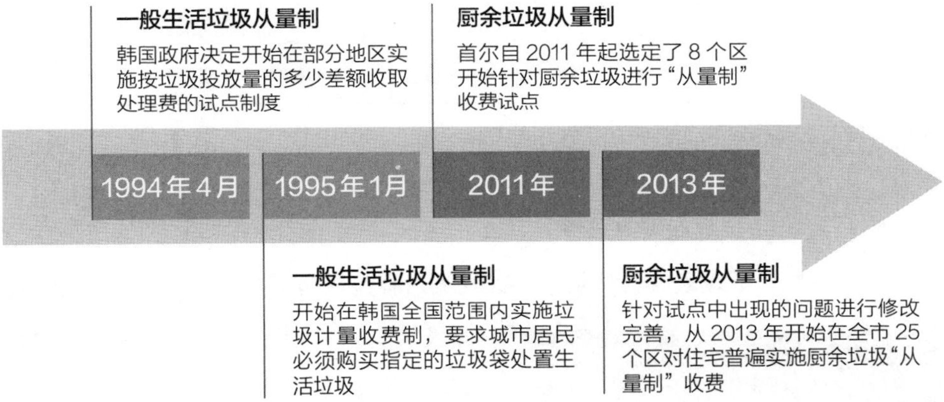

图4　韩国一般生活垃圾和厨余垃圾的从量制政策演变（1994年至今）

（资料来源：笔者自制）

政府制定从量制的目标，一是从源头上减少垃圾的产生量，二是提高可再生利用的垃圾投放量，三是宣传教育公众养成垃圾分类的习惯，四是促进可再生垃圾的循环使用。为了防止可回收物进入从量垃圾袋，韩国开始新的宣教工作。居民若不按要求进行从量按袋投放，将面临100万韩元（约5 800元人民币）以下的罚款。

得益于从量制的实施，1994—2016年韩国生活垃圾的日产生量逐步下降，垃圾回收利用率大幅增长，2016年的焚烧/填埋量不到1994年的一半（表2）。从量制在督促人们养成垃圾分类的习惯、促进可再生垃圾的循环利用方面取得了显著成果。

表2　1994—2016年韩国生活垃圾日产生量

单位：t

年份		1994	2000	2005	2010	2016
生活垃圾	回收利用	8 900（15.3%）	19 166（41.3%）	27 243（56.3%）	29 753（60.5%）	32 253（60.0%）
	焚烧 / 填埋	49 218（84.7%）	27 272（58.7%）	21 155（43.7%）	19 404（39.5%）	21 519（40.0%）
	合计	58 118	46 438	48 398	49 157	53 772

资料来源：根据韩国零废弃联盟资料整理而成。

1. 一般生活垃圾收费从量制

关于一般生活垃圾收费从量制，其政策内容包括两个方面。一是购买标准化垃圾袋。除可回收垃圾外，丢弃其余垃圾都需要购买定价中包含垃圾处理费的专门垃圾袋，或者支付额外的大件垃圾处理费。首尔的各个区使用不同颜色的从量制垃圾袋，家用从量制垃圾袋的大小规格有10 L、20 L、50 L、100 L等，不同辖区范围内的垃圾袋不可互换使用。二是在指定时间、指定地点投放，一般为晚上10：00至第二天早上6：00。

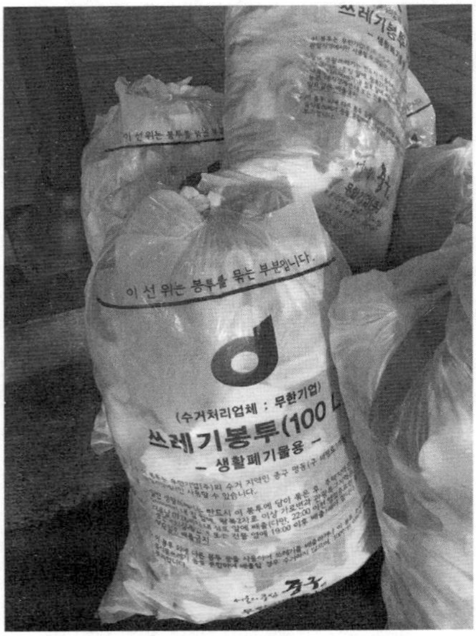

图5　首尔路边装满垃圾的从量袋

（资料来源：笔者拍摄）

当前韩国一般生活垃圾的处理方式主要有3种：回收利用、焚烧和填埋。从资源循环利用的角度来看，以焚烧、填埋的方式处理不符合可持续发展的要求。一般生活垃圾大部分是未经精准分类的垃圾，直接焚烧可能会产生有毒气体，从而严重污染了环境，填埋处理又容易浪费大量可再生或重复利用的资源。在一般生活垃圾中，塑料、金属等都是可再使用或循环再生的，因而在垃圾回收后需要先通过分类和分选，再进行回收再利用，以实现最大化的循环利用。

2. 厨余垃圾收费从量制

目前，首尔对厨余垃圾有三种从量制计费方式，各区政府可选择任意一种适合本地实际情况的方式来实行，如图6所示。一是由政府统一制作厨余垃圾袋，一般为黄色，居民可自行在超市、便利店购买；二是在各小区设置智能厨余垃圾桶，居民在投放厨余垃圾前必须先刷卡，垃圾倒入时自动测定重量并按重量计费；三是购买缴纳证明，即居民使用统一规定的容器倾倒厨余垃圾，依据盛放厨余垃圾固定容器的大小到附近超市购买相应的缴费凭证，投放厨余垃圾时须在容器上黏附该凭证。政府在收集厨余垃圾的同时回收缴纳凭证。

厨余垃圾袋　　智能厨余垃圾桶　　厨余垃圾固定容器

图6　厨余垃圾的三种“从量制”方式

（资料来源：首尔松坡区政府资料）

首尔居民采用哪种厨余垃圾的投放方式，主要依据当地的居住形态来决定。具体而言，公房、单独住宅的厨余垃圾投放依然使用厨余垃圾袋；公寓社区则多使用智能厨余垃圾桶，刷卡投放厨余垃圾；一般公寓、小餐馆等的厨余垃圾收集

图7　松坡区公寓社区工作人员讲解厨余垃圾投放过程

（资料来源：笔者拍摄）

容器是特定垃圾桶（每天的收运时间为晚上10：00至第二天早上6：00）。

以首尔松坡区为例，松坡区约有68万人口，50%为公寓型社区，其余多为单独住宅。2019年，生活垃圾日排放量约456 t。松坡区的公寓社区普遍使用刷卡投放式的厨余垃圾回收装置，刷卡的实际费用按丢弃重量由居民自行负担。居民可随时进行刷卡投放，然后将自己盛放厨余垃圾的塑料袋放入厨余垃圾桶旁边的另一个垃圾桶里，这就完成了厨余垃圾投放的整个过程（图7）。

厨余垃圾回收后，一般由区政府负责运输至大型垃圾处理中心。厨余垃圾回收处理费用中，居民的承担比例为50%～60%，区政府承担其余部分。以往的厨余垃圾处理方法都是填埋，但现在韩国政府规定厨余垃圾不能进行直接填埋处理，因此厨余垃圾主流的处理方式有饲料法、堆肥法和厌氧消化法。目前，首尔有五大处理设施，每天可以处理 1 423 t 厨余垃圾，其中每天产生的厨余垃圾有44%在首尔处理，剩余的在首都圈其他垃圾处理厂处理。

2019年9月17日，韩国农林畜产食品部发布了发现非洲猪瘟疫情[64]的消息。韩

64　非洲猪瘟是由非洲猪瘟病毒（African Swine fever virus）感染家猪和各种野猪而引起的一种急性、出血性、烈性传染病。非洲猪瘟首次暴发是在肯尼亚，之后逐渐向南美、欧洲等地区的国家扩散。

国京畿道坡州市一家养猪场于9月16日下午报告5头猪死亡，检疫部门于17日早上6：30确认死亡病猪感染非洲猪瘟。[65] 2020年2月28日至3月12日，韩国新发124起野猪非洲猪瘟疫情，其中包括首次暴发的釜山市。[66] 虽然非洲猪瘟不传染人类，但是猪一旦感染此病毒，致死率非常高，目前还未有预防或治疗的相关疫苗或药物。非洲猪瘟以接触传播为主，群内传播速度较快，但群间传播速度较为缓慢。流行病学调查表明，非洲猪瘟的主要传播途径包括污染的车辆与人员机械性带毒进入养殖场户、使用餐厨垃圾喂猪、感染的生猪及其产品异地调运。[67]

面对突发的公共安全事件，韩国与全球其他国家一样面临餐厨垃圾管理的挑战。餐厨垃圾的主要成分包括蔬菜、肉、米和面粉类食物残余，含有纤维素、蛋白质、淀粉和脂类等化学成分。韩国餐厨垃圾的处理方式多样，其中饲料法加工有一定的市场竞争力，部分企业会把餐厨垃圾加工为生物饲料用于养猪业。为阻断非洲猪瘟疫病的传染源，降低非洲猪瘟发生和传播的风险，减少养猪业的损失，韩国政府对餐厨垃圾的收集运输环节、饲料无害化处理过程，以及餐厨泔水禁止流向养殖行业等都进行严格管控。但由于非洲猪瘟病毒传播较快，餐厨垃圾的有机质含量又普遍较高，在实际的收集运输和存储处理过程中存在病菌防控困难与恶臭气味难以去除的问题。另外，近年来韩国的餐厨垃圾处理正处于由饲料化向堆肥化和能源化转变的过渡期。考虑到非洲猪瘟风险下餐厨垃圾饲料化带来的同源性污染问题，韩国政府现已将餐厨垃圾好氧堆肥和厌氧发酵等技术路线制定为未来的主要发展方向，以在餐厨垃圾处理技术升

---

65 韩国确认出现非洲猪瘟疫情［EB/OL］.新华网，（2019-09-17）［2023-09-07］. https：//baike.baidu.com/item/%E9%9D%9E%E6%B4%B2%E7%8C%AA%E7%98%9F/10596837？fr=aladdin.

66 World Organisation for Animal Health （OIE）. African Swine Fever （ASF）［EB/OL］.（2020-02-28）［2023-09-07］. https://www.woah.org/en/disease/african-swine-fever/.

67 畜牧兽医局.感染非洲猪瘟养殖场恢复生产技术指南［EB/OL］.（2019-09-10）［2023-09-07］. http：//www.moa.gov.cn/ztzl/fzzwfk/fkzs/201909/t20190910_6327657.htm.

级的过渡过程中抑制非洲猪瘟的发生和降低传播风险。

（二）EPR制度

2003年，韩国环境部以《促进资源节约和再生利用法》和《电器电子废物资源循环利用和报废汽车法》为法律基础，对4种包装材料（纸袋、金属罐、玻璃瓶、合成树脂包装材料）和7种产品群（润滑油、电池类[68]、轮胎、荧光灯等）实施EPR制度。EPR制度指生产者应承担的责任，不仅是在产品的生产过程中，而且要延伸到产品的整个生命周期，特别是废弃后的回收和处置过程中。目前，EPR政策覆盖的垃圾品类已相当广泛，韩国政府仍将不断完善EPR政策可覆盖的垃圾品类作为核心工作之一。

EPR政策的核心是将生产者对其产品的责任延伸到产品全生命周期，特别是废弃后的处理阶段。要求企业把更多的责任放在回收垃圾上，由企业负责对垃圾进行回收，没有回收能力的企业将负担费用交给专门的行业协会，由其进行回收。EPR政策对于回收难度大、处理成本高、环境危害性强的垃圾污染问题具有显著优势。

如图8所示，韩国EPR政策的管理主体有生产者责任组织和韩国环境公团（公司）、地方政府。生产者责任组织通过生产者自行委托或者通过资助受环境部认证，代为开展垃圾回收和再生利用活动，并定期向韩国环境公团提交履责情况报告。地方政府主要负责实现EPR产品的分类回收和再生利用。韩国环境公团作为受韩国环境部直接领导的半公立管理机构，对生产商、进口商及生产者责任组织的回收利用行为进行核查监督，以确保相关企业和生产者责任组织落实依法确定的强制回收目标。[69]

68　电池类包括氧化银电池、锂电池、镍镉电池、锰电池和镍氢电池。

69　孙绍锋，王兆龙，邓毅．韩国生产者责任延伸制实施情况及对我国的启示［J］．环境保护，2017，45（1）：60-64.

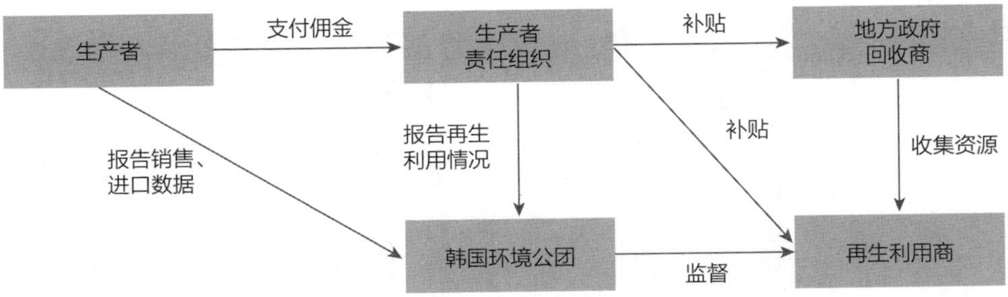

图8 韩国EPR的责任分配机制

（资料来源：孙绍锋等，2017）

韩国EPR政策不是由政府层面直接参与垃圾管理，而是把责任分摊到生产商，政府层面的管理行为是收取负担费用和进行相关监管工作。韩国每个垃圾品类都有相应的协会或组织，政府任务是设定明确的品类循环利用目标，若未能达标，则进行相关处罚。

1. 包装材料的EPR政策

在EPR政策义务执行主体方面，2013年以前，韩国的塑料包装材料废弃物回收工作是由6个不同的协会组织来负责的；2014年，由行业协会韩国资源循环服务中心（Korea Recycling Service Agency，KORA）负责塑料包装材料的回收和处理；2014年以后，由单独成立的韩国包装回收公司（Korea Packaging Recycling Cooperation，KPRC）与KORA共同实施包装材料废弃物的回收工作。截至2017年，韩国共有4 251个生产者和回收利用企业履行EPR政策。2017年，生产者负担费用达1 666亿韩元（图9）。截至2019年，生产者负担费用达2 000多亿韩元。

与此同时，包装材料的EPR类目也在不断完善（图10）：2003年主要为牛奶盒等容器类生活垃圾，2004年增加了只限于食品、医药和化妆品等的塑料型包装材料，2010年扩展为多样化的塑料包装袋等，2014年拓展到所有塑料包装材料。

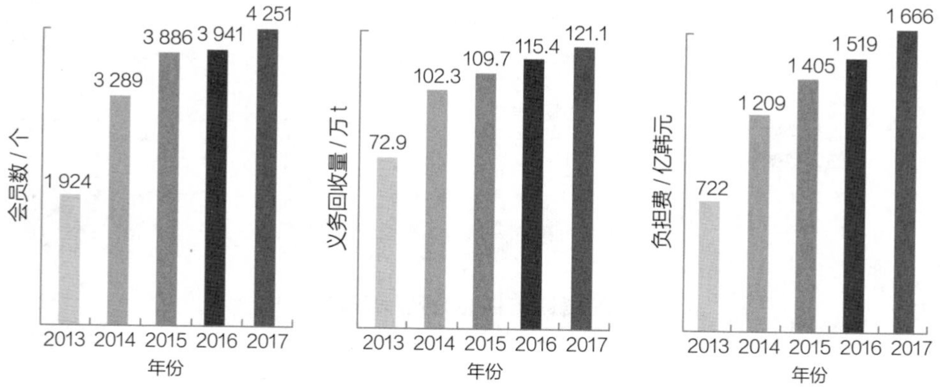

图9　包装材料的EPR政策履行情况

（资料来源：根据韩国零废弃联盟资料整理）

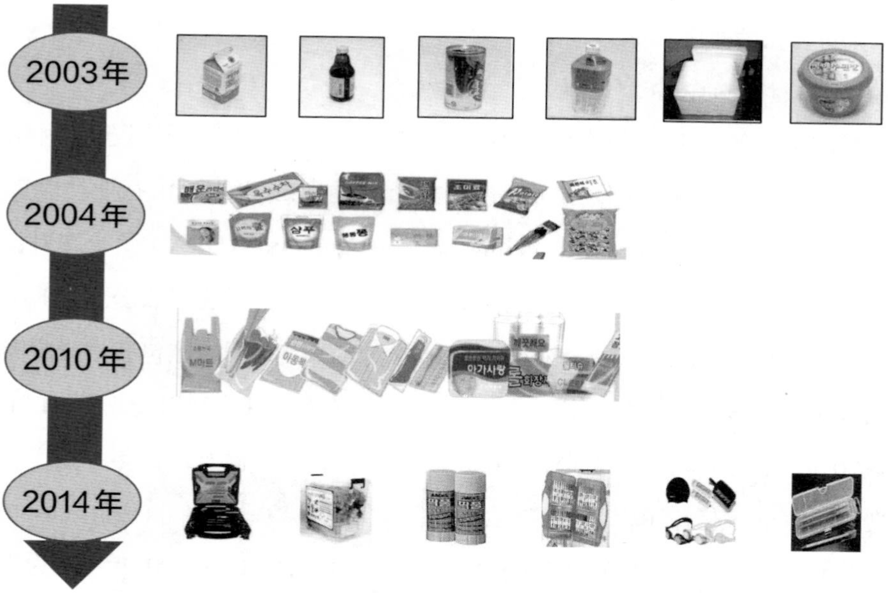

图10　包装材料的EPR类目

（资料来源：根据KORA的资料整理）

自2003年实施EPR政策后，韩国政府制定的到2017年的包装材料年度计划回收目标为1 176 309 t，实际完成的回收量达1 292 098 t，超过目标量115 789 t。整体来看，包装材料实际回收率已由2003年的64%上升到2017年的81%，呈逐渐上升的趋势（图11）。

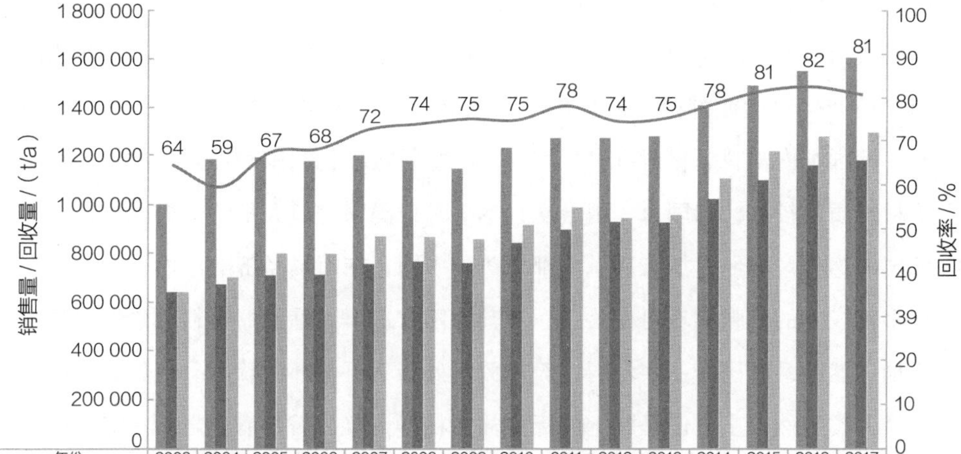

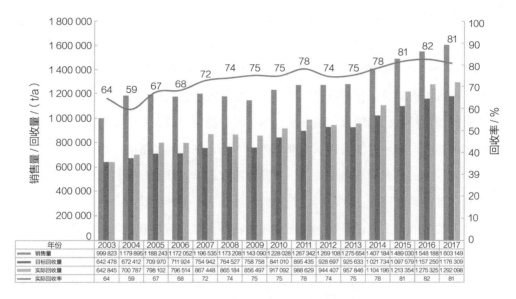

年份	2003	2004	2005	2006	2007	2008	2009	2010	2011	2012	2013	2014	2015	2016	2017
销售量	999 823	1 179 895	1 188 243	1 172 052	1 196 535	1 173 208	1 143 090	1 228 028	1 267 342	1 269 108	1 275 654	1 407 184	1 489 030	1 548 188	1 603 149
目标回收量	642 478	672 412	709 970	711 924	754 942	764 527	758 758	841 010	895 435	928 697	925 633	1 021 734	1 097 579	1 157 250	1 176 309
实际回收量	642 845	700 787	798 102	796 514	867 448	865 184	856 497	917 092	988 629	944 407	957 846	1 104 196	1 213 354	1 275 325	1 292 098
实际回收率	64	59	67	68	72	74	75	75	78	74	75	78	81	82	81

图11　EPR制度下包装材料的回收现状

（资料来源：根据KORA的资料整理）

韩国不仅从源头尽量减少生活垃圾的产生，而且严格按照EPR制度的生活垃圾品类进行系统性管理，促进生活垃圾进入重复使用、回收利用和循环再生环节。2017年7月，中国发布了《禁止洋垃圾入境推进固体废物进口管理制度改革实施方案》[70]，要求全面禁止洋垃圾入境。一直以来，中国是全球最大的生活垃

70　国务院办公厅．国务院办公厅关于印发禁止洋垃圾入境推进固体废物进口管理制度改革实施方案的通知［EB/OL］．（2017-07-27）［2023-09-07］．http：//www.gov.cn/zhengce/content/2017-07/27/content_5213738.htm.

圾进口国，洋垃圾禁令的颁布对长期向中国出口生活垃圾的韩国产生了重要影响。一方面，韩国生活垃圾出口政策不断完善。韩国长期以来有大量的废塑料垃圾出口到中国，但在中国严格的洋垃圾禁令执行后只能转而出口到东南亚其他国家地区，如菲律宾。由于前期出口制度体系不健全，2018年韩国有高达120万t左右的非法投放、非法出口、非法放置的废弃物。出现此类事件的根源在于遏制垃圾非法出口的制度不健全，地方亟须处理回收站爆仓的生活垃圾，导致非法出口问题的产生，为此韩国政府提出了一系列政策以遏制非法废弃物出口。另一方面，韩国国内塑料原材料进口量增加，废塑料资源化利用率提高。由于日本塑料原材料质量较好，韩国每年都会从日本等其他国家进口大量的塑料原材料。以往韩国的塑料垃圾经过加工后基本都出口到中国，在市场经济的作用下韩国出现了很多新成立的塑料循环再生公司，从其他国家进口到韩国的塑料总量也随之不断增加。然而，韩国的一些塑料垃圾投放仍处于不可循环的状态。例如，塑料瓶的材料种类虽然很多，但是瓶上的标签往往粘得太牢，需要清洗之后才能再循环利用，可这个环节至今无人工可操作，导致这些塑料瓶只能被焚烧或填埋，无法做到全部的循环利用。2018年4月，首尔都市圈内发生了一场因生活垃圾回收机构拒绝收集公寓小区等居民区废旧塑料的“垃圾危机”。这一事件迫使政府提出防止类似危机再次发生的解决方案，从此韩国的废塑料治理进入结构性全面调整、创新的阶段。韩国政府不仅提出了到2022年塑料垃圾产生量减少50%、生活垃圾循环使用率提高70%的计划，而且在严格按生活垃圾品类进行系统性管理的基础上开始尝试许多新的政策，以提高塑料的循环利用率，如让企业实现塑料瓶的颜色和材质的统一等。

2. 电池的EPR政策

随着电池得到越来越多的应用，其在韩国社会的需求量也不断增加，因而废电池的资源循环利用目标仅通过源头减量是难以实现的，还需提高废电池的回收率。电池产品的EPR政策要求电池生产者或进口商对废电池的循环再生环节负责，在韩国每个电池品类的回收都有特定的目标和需要达到目标的义务，因而生产商或进口商要为回收支付相应的费用。如果生产商或进口商未能达到政府制定的回收目标，则要支付比正常回收成本更高的负担费。当前，韩国有61家电池生产制造企业或进口企业履行了EPR政策。

韩国EPR政策覆盖的电池种类主要为化学电池，不包括物理电池，具体类目为镍镉电池、氧化银电池、锂一次电池、碱锰电池和镍氢电池。2003年，电池首次被纳入EPR政策管理中，最开始是将镍镉电池作为EPR政策管理的对象，其初始回收目标被设定为20%，2020年达到了45.2%（图12）。同年，氧化银电池也被纳入EPR政策管理的对象，其初始回收目标设定为90%，2020年的目标是65.2%，计划回收量目标降低的原因是氧化银电池用量的减少（图13）。氧化银电池主要用于手表。消费者难以自行或较少更换手表电池，因而该电池基本上由手表店回收。此后，锂一次电池也被纳入EPR管理之中，2003年的计划回收目标被设定为20%，2020年的计划回收目标高达58.2%。其原因在于锂一次电池的使用周期为2～15年，近年来其使用量逐渐升高。同时，锂一次电池可由地方政府回收，也可由商店回收，且产生量最大的是军队，因而军队也开展了回收工作。2008年，碱锰电池被纳入EPR政策中。由于没有做好宣传，其计划回收目标一直不高，2020年的回收目标也仅为27.5%，未能超过30%（图14）。虽然地方政府、社区、学校、军队等都可回收碱锰电池，尤其是社区、学校的碱锰电池回收量占80%～90%，但是其回收难度仍旧较高。同年，镍氢电池也被纳入EPR管理中，2020年的计划回收目标为16.1%。之所以目标定得比较低，是因为镍氢电池主要用于混合动力车，技术发展使二次电池从镍氢、镍镉逐步转换到锂二次电池，因而镍氢电池的回收量也不断减少。

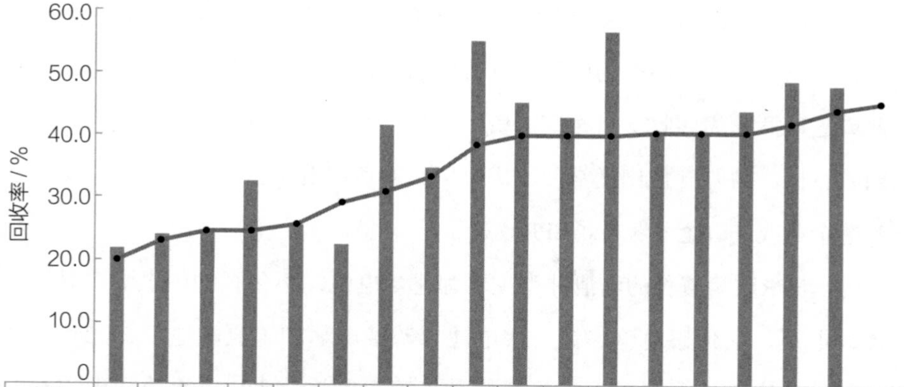

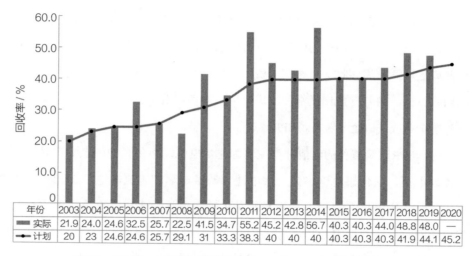

年份	2003	2004	2005	2006	2007	2008	2009	2010	2011	2012	2013	2014	2015	2016	2017	2018	2019	2020
实际	21.9	24.0	24.6	32.5	25.7	22.5	41.5	34.7	55.2	45.2	42.8	56.7	40.3	40.3	44.0	48.8	48.0	—
计划	20	23	24.6	24.6	25.7	29.1	31	33.3	38.3	40	40	40	40.3	40.3	40.3	41.9	44.1	45.2

图12　2003—2020年镍镉电池的计划回收率与实际回收率

（资料来源：根据KBRA资料整理）

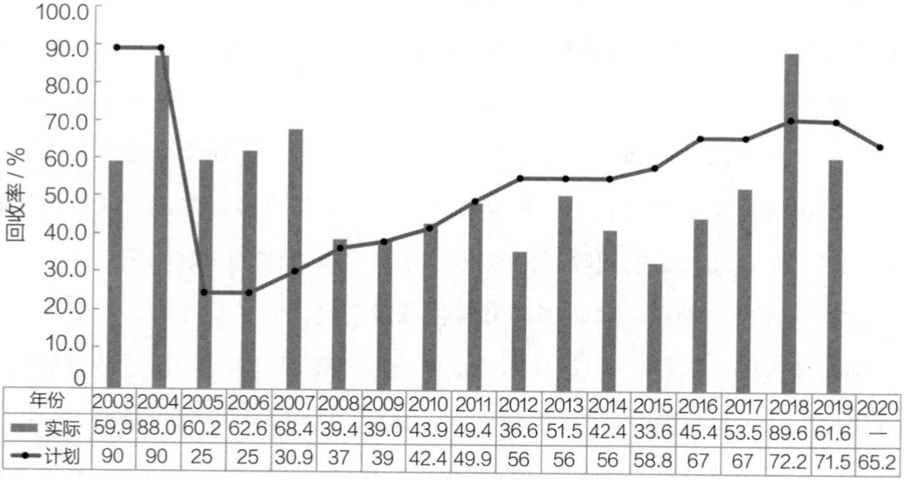

年份	2003	2004	2005	2006	2007	2008	2009	2010	2011	2012	2013	2014	2015	2016	2017	2018	2019	2020
实际	59.9	88.0	60.2	62.6	68.4	39.4	39.0	43.9	49.4	36.6	51.5	42.4	33.6	45.4	53.5	89.6	61.6	—
计划	90	90	25	25	30.9	37	39	42.4	49.9	56	56	56	58.8	67	67	72.2	71.5	65.2

图13　2003—2020年氧化银电池的计划回收率与实际回收率

（资料来源：根据KBRA资料整理）

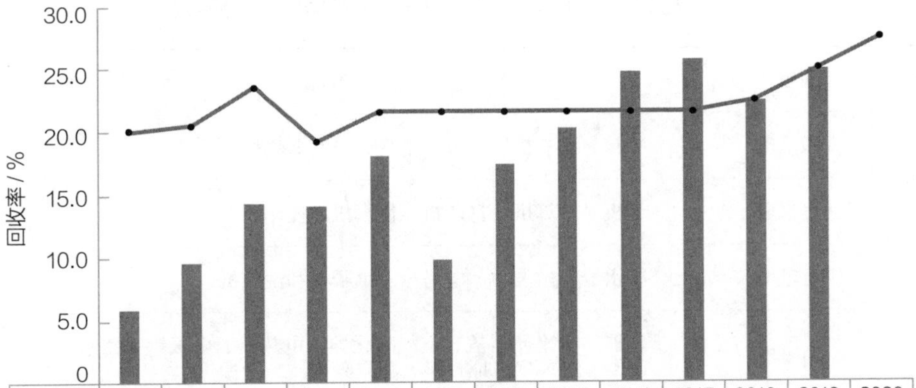

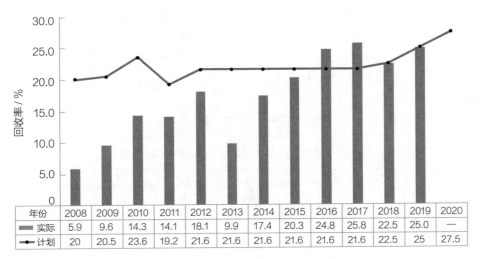

年份	2008	2009	2010	2011	2012	2013	2014	2015	2016	2017	2018	2019	2020
实际	5.9	9.6	14.3	14.1	18.1	9.9	17.4	20.3	24.8	25.8	22.5	25.0	—
计划	20	20.5	23.6	19.2	21.6	21.6	21.6	21.6	21.6	21.6	22.5	25	27.5

图14　2008—2020年碱锰电池的计划回收率与实际回收率

（资料来源：根据KBRA资料整理）

3. 电器电子产品的EPR政策

2003年，韩国开始实施电器电子产品的EPR政策，旨在实现电器电子产品从设计、生产到废弃的全程环境问题最小化。2014—2019年，EPR政策覆盖下的电器电子产品品类主要分为4类27个品类，即大型家电、通信家电、中型家电和小型家电（表3）。2020年，韩国将EPR政策覆盖下的电器电子产品品类扩展到5类50个品类，即温度交换器、显示装置、通信办公设备、通用电器电子产品和太阳能板（表4）。当前，太阳能板还没有形成具体的回收系统，仍处于保留状态。

从图15中可以看出，EPR政策范围内电器电子产品的回收率每年平均增加20%，呈逐年上升的趋势。2018年，电器电子产品的回收利用目标量为30.1万t，实际回收利用量达到29.7万t。总体来看，2012—2018年EPR政策范围内电器电子产品的实际回收利用量基本能达到政府设定的回收利用目标量。

表3　2014—2019年EPR政策覆盖的电器电子产品类目

项目	产品
大型家电	冰箱、洗衣机、空调、电视、自动贩卖机
通信家电	手机、计算机、打印机、传真机、复印机
中型家电	净水器、微波炉、电烤箱、烘干机和洗碗机
小型家电	智能洁身坐便器盖、空气净化器、电热器、电饭锅、饮水机、加湿器、电风扇、搅拌机、真空吸尘器、录像机

资料来源：根据KERC资料整理。

表4　2020年后EPR政策覆盖的电器电子产品类目

项目	产品
温度交换器	冰箱、电动净水机、自动售货机、空调、除湿机
显示装置	电视、计算机（显示器、笔记本电脑等）、导航仪
通信办公设备	计算机（机身、键盘等）、打印机、传真机、复印机、扫描仪、投影仪、有线无线路由器、手机
通用电器电子产品	洗衣机、电烤箱、微波炉、食物垃圾处理器、洗碗机、电坐浴盆、空气净化器、音频、电加热器、电饭锅、饮水器、加湿器、电熨斗、电风扇、搅拌机、吸尘器、视频播放器、烤面包机、电烧水壶、电炸锅、电动加热器、吹风机、跑步机、监控摄像机、食品烘干机、电动按摩器、洗脚盆、缝纫机、视频游戏机、油炸机、咖啡机、草药提取器、脱水机
太阳能板	太阳能板（暂无回收系统）

资料来源：根据KERC资料整理。

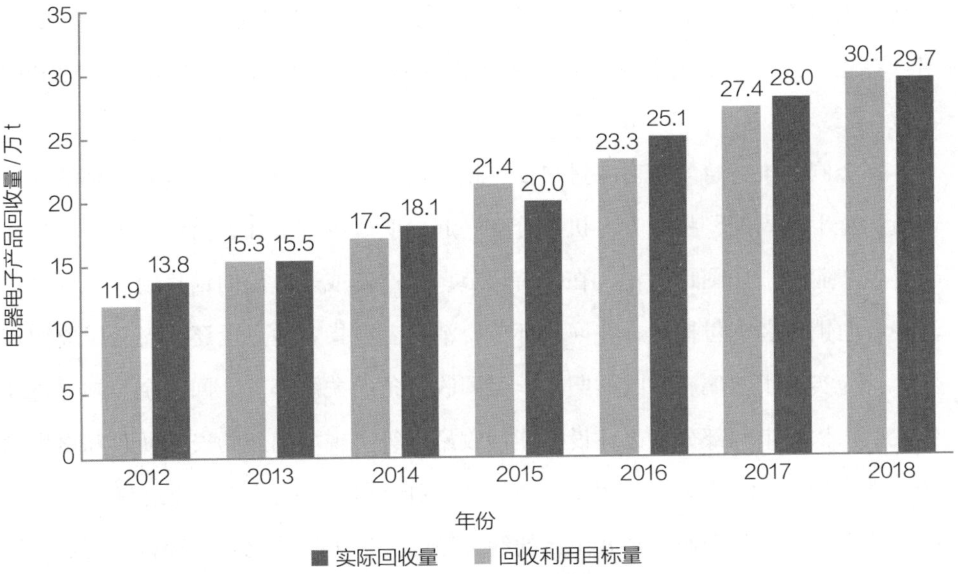

图15　2012—2018年EPR政策范围内的电器电子产品回收情况

（资料来源：根据KERC资料整理）

（三）押金制

押金制（deposit system）是一种特殊的EPR制度，它通过使生产者或进口商收取产品押金来提高空容器的收集率，从而促进回收制度的落实。消费者退回空容器时，生产者或销售商会退还相应的押金金额。不同于从量制从源头减量的目的，押金制作为一种经济诱导型政策，其政策核心是促进垃圾的回收。

韩国玻璃瓶的押金制从1985年开始实施，其中酒类占绝大多数。然而，当时玻璃瓶的返还率并不高，约为80%，原因之一是押金较少，消费者没有积极性去返还玻璃瓶，而且小型商店也没有积极参与玻璃瓶的押金退还工作。可见，押金制需要形成一个循环的过程才能保障制度的实施。押金制实施早期是由生产商发放押金，然后找政府报销退押金的钱。2016年，这一制度发生变化，由之前的生产商发放押金转变为由KORA发放押金，并上调了押金的金额，约是原来的2.5倍。在这个过程中，有很多利益相关者需要协调，新的制度最终在2017年开始实施。

押金制的推行将生产商或进口商、销售商、消费者及相关回收企业都纳入玻璃瓶的全生命周期，将各方有机整合在一起，明确各方责任，盘活了玻璃瓶的回收再生产业链。如图16所示，在销售环节，生产商或进口商向销售商收取押金，消费者向销售者支付押金；在回收环节，消费者在指定地点返还玻璃瓶以取回押金等行为实现了玻璃瓶回收的归集，是回收链条的关键环节，回收企业则通过在各大型购物超市和部分社区建设智能回收站点等实现玻璃瓶的安全回收和再生循环。押金制实现了玻璃瓶从生产到回收的双向赋能，对生产商或进口商、销售商、消费者、回收企业等多元主体的约束激励促进了社会化参与和行动落实，形成了一个再生循环的绿色回收体系。

图16　押金制下空容器在销售和回收环节的流程

（资料来源：根据KORA调研资料整理）

目前，首尔大型超市里都有玻璃瓶回收机器，用于回收押金制的玻璃瓶（图17）。值得注意的是，韩国对玻璃瓶有广泛且严格的押金回收制度。依据相关法令，出售方会对不同容量、不同新旧程度的玻璃瓶收取对应数额的押金。一般而言，玻璃瓶装产品在表面或瓶盖上都标明了对应的回收金额。若商品或标签受损，无法确认空容器商品的退款保证金额时，则以旧瓶标准退款。例如，500～1 000 mL的玻璃瓶按旧瓶标准（2016年12月31日之前）应退回50韩元（约0.3元人民币），而2017年1月1日之后的新标准可以退回130韩元（约0.75元人民币），见图18。

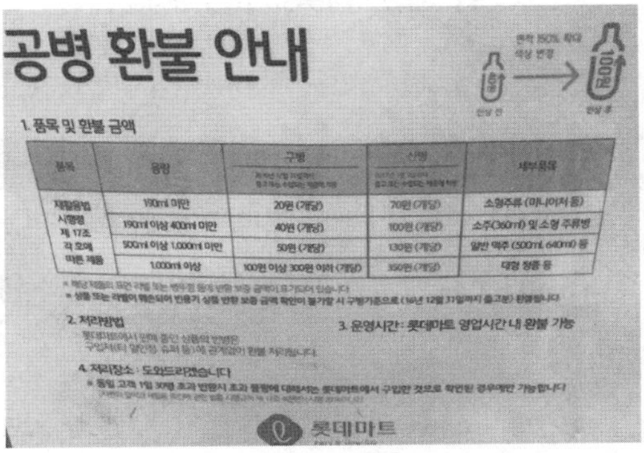

图17 沃尔玛超市押金制玻璃瓶回收机器　　图18 玻璃瓶对应数额的押金金额

（资料来源：笔者拍摄）

消费者退回押金制的空玻璃瓶时，生产者或销售商应退还押金，从而促进了资源的回收。表5中的数据显示，2018年销售的48.88亿个玻璃瓶中有48.09亿个得到了回收，押金制的玻璃瓶回收率已高达98.4%。

表5　2014—2018年押金制的玻璃瓶回收率情况

年份	销售量 / 亿个	回收量 / 亿个	回收率 /%
2018	48.88	48.09	98.4
2017	51.09	49.52	96.9
2016	52.26	49.75	95.2
2015	55.56	50.38	90.7
2014	53.57	51.24	95.6

资料来源：根据KORA调研资料整理。

三、韩国协同共治的经验

韩国在垃圾资源循环利用上的成效在很大程度上得益于政府、市场、社会等多元主体的共同参与、共同治理，他们在资源循环利用的整个链条中分别扮演了开放的责任承担者、持续的行动协调者和主动的理念先行者的角色（图19）。三个主体的互动和协作推动了韩国资源循环利用体系的持续高效运作。

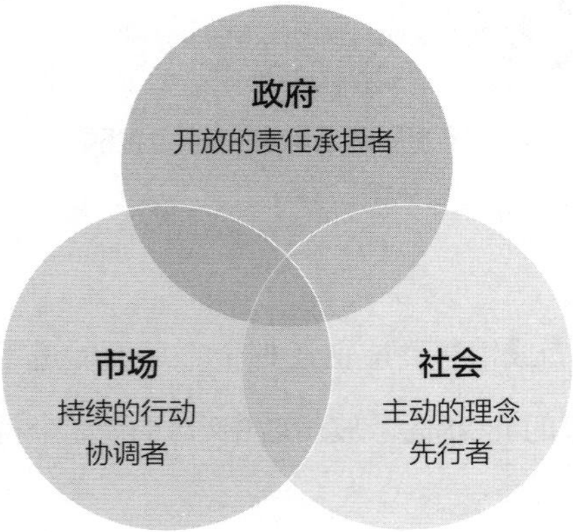

图19　多元共治的韩国样本

（资料来源：笔者自制）

（一）政府主体：开放的责任承担者

开放性和包容性是当代韩国政府的一个重要特征，这也为资源循环的多元共治体系在韩国得以高效运行提供了必要的制度环境。在民主化建设上，随着1998年金大中“国民政府”政权和2003年卢武铉“市民政府”政权的上台，韩国的社会力量大大增强，国民被广泛地鼓励参与到公共事务当中，社会团体的参与也受到了高度的关注。在卢武铉政权期间，社会公众参与政府决策活动得到了法律法规的保障。2003年，韩国国务总理根据市民团体代表的建议组建“市民社会发展委员会”，随后颁布了《市民社会发展委员会规定》。该委员会作为总理咨询机构，一方面可以将社会公众的诉求直接传达给政府部门，另一方面有助于政府部门可以更好地了解民情民意，保障政策法规的有效执行。[71]

民主化建设为韩国垃圾分类和循环利用提供了重要的制度支撑。在垃圾分类、回收和处理的整个过程中，政府的角色虽然重要，但是依然有限。公众、企业、社会团体、行业协会等角色的积极行动和密切合作是这一体系得以运作的关键所在。从前端的垃圾投放到末端的垃圾处理，韩国政府的开放性和包容性让韩国资源循环体系从1991年以来一直延续至今，成为东亚地区垃圾处置的典范。

在前端投放环节，韩国在1991年刚开始实施垃圾分类回收制度（separate collection system）时，由于缺乏强制手段，这一政策的实施效果并不理想。公众缺乏分类回收的动力，导致只有一小部分回收利用价值较高的垃圾得以回收。于是在1992年，韩国政府提出实施垃圾从量制的想法，但在正式实施这一制度之前，其首先在1993年召开了多次听证会听取公众意见，与社会代表进行协商；1994年，从量制首先在全国33个试点进行尝试，随后韩国政府组织7个民间环保组织和官方代表组成评估团队，对公众舆论和从量制实施效果进行调查评价，并总结问题供韩国政府进行改进。经过3年的征求社会意见和试点评估，从量制正式于1995年开始在韩国推行。从量制的成功推行为公众的垃圾分类提供了动力，不仅推动了韩国社会的垃圾分类回收，也推动了垃圾的源头减量。而在这一过程中，韩国政府的开放性对制度设计和执行方式的不断优化起到了关键作用。

在垃圾处理末端的焚烧环节，焚烧厂的建设与运营在全球都面临着难以避

71 洪静．1987年以来韩国NGO与政府关系［J］．北京行政学院学报，2011（2）：52-57.

免的邻避问题，韩国首尔也是如此。目前，首尔地区主要有4座大型的垃圾焚烧厂，每年可处理垃圾74万t。由于空间位置的局限，首尔的垃圾焚烧厂距市区并不偏远，这既要求焚烧厂具有先进的技术水平和管理水平，严格控制各种污染物的排放量，又要求其具有公开透明的监督机制，以保障社会公众能够对其进行有效监督。首尔地方政府主要通过开放性和透明性两个维度来解决这一问题：一方面，由政府出资建设的焚烧厂在运营时每三年进行一次公开招标，以开放的姿态接受市场监督与竞争，既促进了焚烧厂运营方提升技术、改善管理，也避免了政府徇私舞弊的腐败行为；另一方面，焚烧厂设置了实时的电子公告板以公开污染物排放的实时数据，其官方网站也公布了污染物排放水平以接受社会公众的监督。[72]

除此之外，韩国政府在多元共治的模式中扮演了负责任承担者的角色。随着2003年韩国推行EPR制度以来，共有43个垃圾品类纳入这一制度的管理当中。但是，随着经济社会的发展也出现了一些新的垃圾品类，如光伏板等。这些新出现的垃圾品类既不受EPR制度的约束，也没有成熟的企业可以进行回收再利用。针对这些新品类，韩国政府主动承担回收责任，先期进行投资、租赁仓库，以对这些垃圾进行回收暂存；与此同时，政府开始培育一部分回收处理这些新品类垃圾的企业，并为这些企业提供技术等方面的支持。3～5年后，在这一品类垃圾的循环利用管理体系逐步建立后再将其纳入EPR制度，然后将暂存的垃圾通过公开招标交由相应的企业和行业协会组织进行循环再生处理和管理。韩国政府这一积极承担垃圾处理责任的举措解决了新品类垃圾处理市场失灵的问题，也避免了资源浪费和可能导致的环境污染问题。

责任承担者还体现在政府良好的示范作用方面。除了垃圾焚烧厂的运营是各

72　韩国首都圈垃圾焚烧厂网址：https：//rrf.seoul.go.kr/index.do。

个国家都面临的邻避问题，垃圾填埋场亦是如此。位于韩国仁川的首都圈垃圾填埋场是世界上最大的垃圾填埋场。1992年开始正式运营之前，该填埋场的选址建设也遭遇了邻避困境。为消除周边居民的担忧，韩国环境部下属的韩国环境科学院搬迁到首都圈垃圾填埋场边上，至今仍在该地办公。近些年，在减少一次性用品和塑料垃圾产生方面，尽管相关法律法规还未完全出台，但韩国政府已经率先进行了示范。例如，韩国政府规定公共机关的财政预算不得用于购买一次性用品上，公共机关应使用陶瓷杯代替一次性杯子，其咖啡厅堂食或外卖都不得使用一次性杯子，不再使用雨伞袋而改用雨伞擦干装置等。大到全世界最大的垃圾填埋场的选址建设，小到一杯咖啡的外卖打包，韩国政府的责任承担和带头示范为多元共治模式的形成和全社会的共同行动起到了重要的引领作用。

（二）市场主体：持续的行动调节者

在多元共治体系中，韩国政府承担了负责任的引领者、培育者、示范者的角色，但完全依靠政府行政力量的推动并不足以支撑垃圾循环利用体系在全社会的长期运作。市场化运作是持续性推动韩国垃圾分类和循环利用的关键环节。韩国企业及行业协会作为主要的市场力量在其中扮演了重要角色。从1993年开始，韩国实行废弃物预付金制度（waste charge system），即企业必须按照其生产产品的价值向政府缴纳一定比例的预付金，该部分资金用于垃圾的循环利用，根据该产品最终的垃圾回收利用率再按比例返还企业预付金。尽管韩国政府一度将预付金的比例提高到40%～50%，但这一制度的实施效果并不理想。由于预付金的比例较低，企业更多将其视为一种税费，并没有更多地去履行环保责任。

到2003年，废弃物预付金制度被EPR制度取代。EPR制度强调生产者需要把更多的责任放在回收再利用垃圾上，要求生产者必须对其产品的废弃物进行回收，如果没有回收能力的生产者可以缴纳一定费用交由专门的企业或第三方组织负责回收和循环利用。目前，80%以上的企业选择通过第三方组织，即各种产品品类的生产者再利用行业协会［如负责塑料回收再利用的KORA、负责电池回收再利用的韩国电池循环利用协会（KBRA）、负责电子产品回收再利用的KERC等］进行回收利用。如果不遵守EPR制度，企业将收到金额数倍于缴纳给循环利用协会费用的罚单，如在电子产品回收中，如果企业不履行EPR制度，他们收到的罚单将是交给KERC的3倍。高处罚成本推动了几乎所有韩国的电子产品生产企业都与KERC签订了合同，由KERC负责电子垃圾的回收工作。与此同时，处理产品垃圾的费用也反映在价格机制上，如电池价格中有约70%的部分用于回收和循环再利用废弃电池。为使产品更有市场竞争力，企业会努力减少垃圾处理的费用，这样就使其不得不从源头减量。与此同时，韩国垃圾填埋或焚烧的成本非常高，以焚烧为例，政府经营的焚烧厂焚烧垃圾的费用每吨为12万～15万韩元（合692～866元人民币），民间经营的焚烧厂焚烧垃圾的费用每吨为24万～30万韩元（合1 385～1 732元人民币），这是中国国内垃圾焚烧费用的10倍以上。填埋和焚烧的高成本形成了一种倒逼机制，迫使生产商不断减少垃圾的填埋和焚烧量，提高垃圾回收再利用率。来自焚烧和填埋端的价格机制和来自EPR制度端的惩罚机制共同推动韩国企业既要减少垃圾的产生，又要与行业循环再利用协会合作进行产品垃圾的回收和循环利用。

各行业的垃圾回收循环利用协会的重要意义在于两个方面。第一，承担了企业产品全生命周期的资源再利用责任。企业自行开展产品垃圾回收和再利用难度大、成本高、质量差，同时也对企业的生产经营产生较大负担。企业缴纳一定费用由专门的行业协会负责该部分职责，有利于企业的专业化生产，并通过价格机制影响公众的绿色消费行为。第二，有利于垃圾循环利用的专业化和标准化。行业协会统一进行垃圾的回收和处理能够产生垃圾循环利用的规模效应，可以降低单位垃圾处理的成本，并有足够的资金和市场空间去追求垃圾处理的技术进步，从而提高资源循环利用率和经济效益。例如，在塑料废弃物回收方面，2017年韩国全国塑料用品的回收率达到81%，但当时塑料再利用的质量并不高，主要用于生产一些低成本的塑料再生品，如汽车轮胎等，而KORA作为塑料回收再利用协会，凭借其规模优势，通过技术升级及挖掘垃圾加工处理企业，来提升塑料再利用的经济附加值。在从垃圾投放到处理的整个链条中，市场机制可以有效地平衡各方利益，进而持续地调节利益相关者的行为。经过长期稳定的发展，韩国企业与行业协会作为市场角色的代表，通过利益平衡机制，既调节了垃圾处理上、下游产业的关系，也促进了政府、公众的行为的调整优化。

（三）社会主体：主动的理念先行者

目前，韩国按品类管理的垃圾高达86%，这在很大程度上得益于环保组织长期的坚持。由于环保组织强烈反对垃圾焚烧，韩国首都圈在过去的10余年一直维持着4座垃圾焚烧厂运营，无法继续兴建新的垃圾焚烧厂，这倒逼韩国政府必须采取措施提高垃圾的利用率以减少焚烧量。由此，韩国政府在2018年提出，到2022年塑料使用量减少50%，循环利用率提升70%，这个过程由韩国的环保组织负责监督。

以环保组织为代表的社会团体不仅是韩国多元共治体系中活跃的参与者，也是先进理念的先行者。这一角色作用的形成得益于韩国社会畅通的诉求表达渠道和政府回应机制。例如，首尔在2015年2月成立了垃圾减量的市民运动委员会，该委员会由NGO、专家学者、宗教团体、市议员、媒体、企业、青年代表等32人组成，主要职能是开展垃圾减量活动、为减少垃圾提供政策咨询等。社会团体和公民个人也可以通过韩国环境部的意见征集渠道、新闻媒体、学术论文等方式表达诉求和建议，韩国环境部定期对各种意见进行汇总，经国务会议审议后提交至韩国国会表决，以形成相应的政策法规。

逐渐提升的公民素质和政治参与能力推动韩国的社会团体抛弃过去激烈的抗争手段，采用更加专业化和建设性的倡议方式表达诉求、参与政策讨论和公共事务决策。[73]作为韩国规模最大的环保组织，韩国零废弃联盟由180余个民间组织组成。自1997年成立以来，韩国零废弃联盟以专业化倡导方式推动了韩国政府、企业和公众共同参与资源循环社会的构建。例如，韩国零废弃联盟发布的《零废弃城市指南》指出，资源循环社会有助于减少垃圾、创造就业机会、增加企业盈利机会。随后，首尔市政府采纳了社会组织提出的建设“零废弃城市”的项目计划。

在韩国资源循环社会的建设中，一个显著的特征是社会团体的理念和行动相比其他参与主体具有超前性。在与政府的互动中，韩国零废弃联盟在2002年向政府建议实施EPR制度，而这一制度在2003年开始执行；率先发起倡议，要求政府修订垃圾管理法，对含汞、荧光、电池等危险废物的垃圾进行安全管理，并建议地方政府建立危险废物垃圾的回收制度；为减少一次性杯子的使用，开展了减少快餐店、咖啡厅一次性塑料杯使用的倡议运动，政府随后也加入了这一倡议运动，不仅要求公共机关的咖啡厅不再提供一次性塑料杯，而且开始起草咖啡杯押金制度，以推动全社会的减塑行动。

在正式制度出台和生效之前，环保组织往往通过与政府、企业或商户签订谅解备忘录或自愿协议的方式，率先形成示范经验，为正式制度的出台奠定基础。2001年，通过韩国零废弃联盟的协调，乐天集团旗下的“乐天利”快餐连锁店与韩国环境部签订自愿协议，在首尔开设了第一家无一次性杯子的快餐店。2002年，超过400家咖啡店和快餐连锁店与韩国环境部签署了减少提供一次性用品的自愿协议。这些实践努力推动了2003年《促进资源节约和循环利用法》的修订，该法禁止在150 m^2以上的商店中免费使用塑料用品和一次性杯子，并要求对其进行强制性收集和循环利用。近年来，韩国的环保组织依然在积极促进尚未形成制度

73　刘雨辰．民主主义视角下韩国市民社会的角色转换［J］．世界经济与政治论坛，2013（4）：30-49.

约束领域的自愿协议的达成，如与菜市场签订不提供一次性塑料袋的自愿协议，与干洗店签订减少使用一次性衣架和干洗塑料袋的自愿协议，与商店签订避免过度包装的自愿协议等。

在与公众的互动中，环保组织充分发挥其亲民性的优势，采取各种措施改善公众的生活习惯和习俗文化，从而使公众认同资源循环的理念。例如，韩国在1995年刚开始实施从量制时，就由环保组织深入公众当中进行宣传教育，逐步改变人们的生活习惯；在2013年实行厨余垃圾的从量制时，也是由环保组织负责检查公众从量制袋子中的厨余垃圾，这既避免了政府与公众之间可能产生的紧张冲突关系，也节约了政府的行政资源。在习俗文化上，环保组织为改变韩国丧礼文化中大量使用一次性用品盛放食品的问题，与政府、医院签订合作协议，为不使用一次性用品的葬礼减免15万韩元（约866元人民币）的费用，医院同时提供可重复使用的餐具。韩国的餐饮文化也是如此，韩国的食物外卖中有大量的塑料用品，据不完全统计，平均一份外卖中有17件一次性用品，而这些一次性用品受到食物残渣污染难以回收再利用，只能进行焚烧或填埋。因此，环保组织积极开展行动改变人们的打包文化，从而减少外卖中产生的垃圾。环保组织还积极利用大型活动的契机，推动公众参与减少塑料用品的使用。例如，在2002年韩日世界杯上，环保组织倡议的不提供一次性加油棒的倡议得到采纳，此后大型比赛中不再提供一次性加油棒；在马拉松比赛中，环保组织也倡议减少公众一次性用品的使用。

环保组织在韩国资源循环社会建设中扮演了主动的理念先行者的角色，尽管也经历了反反复复的挫折，但其持续性的推动对改变政府、企业、公众等参与主体的环保理念形成了积极影响，也对韩国资源循环体系的运作产生了纠偏和完善的作用。

四、“韩国样本”对中国的启示

韩国垃圾循环利用的成功并非仅有先进的垃圾处理技术，更为重要的是形成了多元共治的资源循环利用体系，这一体系的形成与稳定是推动韩国持续保持高资源循环利用率和低填埋/焚烧率的关键所在。对比中国的垃圾分类历程，韩国垃圾处理经验对中国的启示在于以下两个方面。

第一，加强垃圾治理的全过程推进。垃圾从产生、投放、回收到再利用或销毁的整个过程是紧密衔接的，任何一个环节产生的波动都会对整个资源循环利用体系产生影响，资源循环利用体系的生效和持续运作需要其中每个环节的紧密配合，缺少任何环节，这一体系都难以有效运行；反过来，这一体系中的每个环节也难以单独存在，它们深受其上、下游环节的影响。因此，资源循环体系构建的背后是各项运行机制整体性推进的逻辑。尽管中国逐步从垃圾分类的“自愿时代”走向“强制时代”，但公众垃圾分类的行为主要依靠的是强制性的行政干预，这不仅产生了巨大的行政成本，而且难以培育公众自发性垃圾分类的内源动力。整体性地观察中国垃圾处理的运作链条，低成本的垃圾焚烧和填埋方式（焚烧厂或填埋场甚至还有政府相关补贴）间接鼓励垃圾进入焚烧和填埋的环节；垃圾再利用企业收运处理成本高、补贴标准低，垃圾再利用难度大；资源再生政策法规的执法力度不足，生产者缺乏源头减量和垃圾回收再利用的利益驱动……尽管中国正在积极实施公众的垃圾分类投放政策，但就目前的情况而言，分类投放后端的大部分垃圾处理环节对前端积极实施的分类投放政策产生了负作用力，导致政府不得不依靠强制性的行政力量进行干预，而公众持续性、自发性进行垃圾分类投放的行为面临挑战。因此，对于中国而言，在强制开展垃圾分类的同时，更重要的是整体性调节垃圾产生和处理中各个环节的利益平衡关系，形成持续稳定的资源循环利用体系。

第二，加强垃圾治理的多主体协同参与。韩国资源循环体系全过程推进的逻辑背后是多元主体的共同参与和密切互动。在这一过程中可以看到众多主体的参与，而且这些主体往往不是单独行动的，而是建立了互相配合、互相补充的关系。政府主体、市场主体、社会主体等角色在资源循环体系构建和运行中具有各自独特的优势，但也存在相应的弊端。政府主体的优势在于其约束机制、保障机制和兜底机制，劣势在于低行政效率引起的政府失灵；市场主体的优势在于其利益机制和竞争机制，劣势在于在公共物品领域存在市场失灵；社会主体的优势在于其灵活性、前瞻性、亲民性等，但往往受限于自身的资源和能力。因此，在韩国的资源循环体系中，政府、市场和社会主体会相互配合、扬长避短。单一主体的作用机制无法充分达成资源循环利用的闭环，多元主体的共同协作和互相补充是解决单一机制运作失灵的必然要求。为推进中国资源循环利用体系的构建，要鼓励多元主体在这一过程中的积极参与，发挥主体优势。尤其是对政府部门而言，其在资源循环体系构建过程中不应“大包大揽”，而应重点发挥引领功能、保障功能、培育功能和兜底功能的优势，将自身不擅长的市场化经营、社会化监督、居民组织发动、宣教、利益平衡等功能交给市场和社会主体运作，从而形成多元主体的合力。

案例二
槟城垃圾分类的历史、现状与趋势

一、引言

槟城州是马来西亚13个联邦州属之一，位于马来半岛西北侧，人口为176.68万。在地理上，槟城以槟威海峡为界，分成槟榔屿（Penang Island，简称槟岛）和威尔斯利省（Province Wellesley，简称威省）两部分。行政委员会是该州的最高行政机构，而在地方政府一级有两个地方当局，一个是槟岛市政厅（MBPP），另一个是威省市政厅（MBSP）。槟城的城市化与工业化程度颇高，是马来西亚经济发展重镇之一（图20）。根据2018年的统计数据，其人均GDP在马来西亚全国排名第15位。[74]

基于现有的零废弃政策，槟城的家庭和企业在废弃物的回收利用方面表现良好。槟城的人均垃圾产生量为每人每天0.71 kg，垃圾回收率在马来西亚各州中是最高的，达到43%，比全国平均水平（21%）高出1倍多。为什么槟城的垃圾分类能取得显著成效？下面将从垃圾管理政策和体制、垃圾分类的历史发展、垃圾分类的主要措施、垃圾分类面临的挑战等方面进行介绍。

74 马来西亚统计局 . State Socioeconomic Report 2018［EB/OL］.（2019-07-24）［2020-05-28］. https：//www.dosm.gov.my/v1/index.php ？ r=column/cthemeByCat&cat=102&bul_id=a0c3UGM3MzRHK1N1WGU5T3pQNTB3Zz09&menu_id=TE5CRUZCblh4ZTZMODZIbmk2aWRRQT09.

图20 槟城的城市景色

二、马来西亚垃圾分类的历史发展

马来西亚政府对垃圾分类回收和循环利用的倡导始于20世纪80年代。1988年，马来西亚住房和地方政府部（MHLG）制定了《美丽清洁马来西亚行动计划》，指出减少和回收固体废物的必要性。其中概述了以下内容：①鼓励减少固体废物的产生，特别是包装废物和家庭化学废物的产生，并使消费品的生产商、经销商和消费者都参与其中；②应将城市生活垃圾视为一种资源，必须尽一切努力回收目前被焚烧和填埋处理的大部分废物；③应通过健康和环境教育、清洁运动和严格执法不断教育公众资源回收的重要性。[75]

---

75 Sreenivasan J，Govindan M，Chinnasami M, et al. Solid waste management in Malaysia: a move towards sustainability [M/OL]. Rijeka: InTech,2012. http://dx.doi.org/10.5772/50870.

此后，马来西亚还制定了一系列与废物管理有关的国家计划和政策：比较重要的是2005年的《固体废物管理国家战略计划》（*National Strategic Plan on Solid Waste Management 2005*），该计划为垃圾分类的实施提供了路线图，以及《国家废物最小化总体计划》（*Master Plan for National Waste Minimization*），该计划确定了到2020年城市固体生活垃圾回收率达到14%的目标。马来西亚还开展了一些旨在提高对垃圾分类认知的环境教育活动，鼓励在源头分类方面开展公共合作，但收效比较有限。[76]

2007年，马来西亚的《固体废物管理和公共清洁法令》（*Solid Waste and Public Cleansing Management Act 2007*）（也称第672号法令）经过10年的审议获得议会批准。该法令有效地将固体废物管理的责任从地方当局转移到联邦政府，以确保整个国家的系统和服务水平一致。从2011年开始，各州和联邦政府都开始实施这项法案。第672号法令支持固体废物管理部门的私有化，为此成立了一个机构框架，指定国家固体废物管理部及固体废物管理和公共清洁公司（在全国设有卫星办公室的业务部门）为牵头机构。该法令的颁布显示了马来西亚联邦政府进一步认识到加强固体废物管理的重要性。

第672号法令还突出了在固体废弃物管理中实践3R原则（源头减量、重复使用、循环再生）的重要性，为政府采取行动促进回收活动和转向循环经济提供了强有力的法律依据。例如，它要求对可回收废物进行源头分类，并授权负责的部委颁布法令，规定可回收的废物类型。居民必须按照纸张、塑料和其他类别对固体废物进行分类，否则将面临50～500令吉（80～800元人民币）的罚款。此外，该法令还允许建立EPR制度和押金退款计划，并赋予政府权力，强制制造商使用可回收材料并限制使用某些材料。但是，该法令在执行的过程中

---

76 Letcher T M. Plastic waste and recycling: environmental impact, societal issues, prevention and solutions [M]. London: Academic Press, 2020.

也面临一系列挑战，如缺乏公众参与、执法效率低下、缺乏适当的分类时间表和程序等。[77]

马来西亚MHLG于2015年9月1日在吉隆坡、布城、柔佛、马六甲、森美兰、彭亨、吉打和玻璃市8个州正式开始推行垃圾分类政策，在给予其9个月的试行期后，于2016年6月1日正式开展执法：任何没有进行垃圾分类的居民将在第672号法令下被惩罚。

三、槟城垃圾管理政策和体制

槟城虽然不属于马来西亚联邦政府确定的率先推行垃圾分类的州属，但其也跟随其他州属于2016年6月1日开始推行垃圾分类政策。经过一年的公众教育和宣传准备阶段，槟城政府于2017年 6 月 1 日开始在全州全面实行强制垃圾源头分类执法。垃圾源头分类是从垃圾生产源根据废料种类进行分类的过程。商家和居民都必须将垃圾至少分成以下两类：一是可循环物资，包括纸张（如报纸、纸盒、杂志、纸箱、书刊）、塑料（如塑料瓶、塑料容器、塑料袋、塑料食物容器、塑料桶）、铝或金属物（如铝罐、铝盒、铁、各种金属）、玻璃瓶或瓷器（如调味料瓶子、饮料瓶、碗碟）；二是废弃物，包括厨余垃圾（如果皮、蔬菜、鸡蛋壳、剩饭）、肮脏物（如用过的尿片、纸巾，肮脏的纸盒）。槟城可回收垃圾桶设置如图21所示。

槟城垃圾源头分类政策的目标是减少环境污染，保持生态平衡；降低废物管理成本；减少垃圾填埋产生量的增加速度；延长槟城唯一的浮罗布隆（Pulau Burung）垃圾填埋场的使用寿命。根据这项政策，有独栋产权的居民必须在垃圾箱旁放置可回收物品，如纸张、塑料、旧玻璃容器和铝罐，以便收集。每周

77 Letcher T M. Plastic waste and recycling: environmental impact, societal issues, prevention and solutions [M]. London: Academic Press, 2020.

图21　槟城可回收垃圾桶

六由MBPP和MBSP分别负责收集和清运（图22）。对于高层住宅的居民来说，负责物业管理的联合管理机构（JMB）或管理公司（MC）有责任管理垃圾回收系统，负责收集居民产生的垃圾，同时有权把收集到的可回收物品卖给各个回收商（图23）。

图22　独栋居民区垃圾收集

图23 槟城可回收废物市场

根据这一政策，垃圾不分类需承担一定后果：没有执行垃圾源头分类的居民将被罚款250令吉（约400元人民币），若是屡屡被开出罚单（如30～50张罚单）且一直不遵守该政策，就会被指控上庭，罪成将被罚款不超过2 000令吉（约3 200元人民币）或坐牢不超过一年，或两者兼施。2016年6月1日至2019年1月31日的执法期间，MHLG在7个州属仅发出362张警告通知和210张罚款信。[78]但是，截至2018年11月，槟城地方政府针对未进行垃圾分类的单位开出了331张罚单。[79]由此可见，槟城政府对于垃圾分类的执法力度在马来西亚全国是比较大的，这也部分解释了为什么槟城垃圾分类的成效要领先于马来西亚其他区域。

槟城垃圾分类政策的执行效果较好，因而已经带来明显的收益。2017年，MBPP和MBSP分别拨款9 564万令吉（约1.57亿元人民币）和9 899万令吉（约

78 参见 https：//www.orientaldaily.com.my/index.php/news/wenhui/2019/06/30/296215。
79 参见 https：//rojaklah.com/2018/12/07/xasingsampahey071218/。

1.63亿元人民币）处理垃圾和保障公共卫生。如果垃圾填埋场的垃圾减少4%，估计每年可节省250万令吉（约400万元人民币）。

四、多元主体参与垃圾分类

从垃圾的构成来看，槟城固体废物的一个重要特点是食物和厨余垃圾的比例很大。“湿垃圾”（wet waste）占槟城垃圾总量的60%，而且以厨余垃圾居多，包括剩饭菜、菜枝叶、果皮及食物残渣等；塑料占18.40%，是第二大成分；纸张是第三大成分。[80]自2017年6月1日起，槟城实施的政策仅限于可回收物（如纸张、塑料、玻璃、铝罐及金属等）的分类及收集。有机废物仍然被当作一般废物进行处理，每周收集两次，然后被运输到垃圾填埋场或焚烧厂进行处理。

目前，MBSP已经开始尝试将厨余和有机废弃物从一般垃圾中分离出来进行分类处理。但是，在槟岛上目前还没有形成一项统一的管理有机废弃物的政策措施。为了推动对有机废弃物的分类处理，槟城当地的非政府组织发挥了重要作用。槟城消费者协会（The Consumers' Association of Penang）是其中最为活跃的非政府组织之一，他们与槟城的学校和社区合作，引进各种堆肥方法，帮助居民处理厨余垃圾。槟城消费者协会采用从印度考察中学习到的堆肥方法，向槟城的居民，特别是居住在公寓中的家庭，推荐管道堆肥的方法。其面临的主要挑战是如何鼓励人们进行堆肥，因为这不是法律所要求的。为了方便，居民更倾向于直接丢弃有机垃圾，而不是进行堆肥。

另外，槟城消费者协会还与当地学校密切合作开展垃圾分类的环保教育，管理学校的花园垃圾、厨房垃圾和食物垃圾（图24）。以槟城安森道卫理公

80 Omran A，El-Amrouni A O，Suliman L K，et al. Solid waste management practices in Penang State： A review of current practices and the way forward [J]. Environmental Engineering & Management Journal（EEMJ），2009，8（1）：97-106.

会女子学校为例，槟城消费者协会与该学校保持了非常良好的互动关系。在协会的帮助下，学校的教师和学生都积极参与垃圾分类，确保回收、堆肥和其他相关活动在学校不间断地进行。基于在推动环境教育和学生环保行动方面的成绩，卫理公会女子学校获得了2017年槟城绿色学校奖。根据该校教师的说法，槟城消费者协会认为该校在学生中推动环境教育课程和实践是非常重要的。负责垃圾回收的努鲁尔·伊扎老师说，学校鼓励不同班级之间竞争，看哪个班级能收集到最多的可回收物品，成绩最好的班级将得到老师的奖励。在他们的共

图24　槟城消费者协会发起的零废弃行动

同努力下，卫理公会女子学校每年可以回收再利用3.5 t的固体废物。另外，在槟城消费者协会的帮助下，卫理公会女子学校还建立了自己的堆肥设施，将学校产生的花园垃圾、厨房垃圾和食物垃圾转化为堆肥。[81]

为了提高人们对减少和回收固体废物的认识，MBSP的社区事务部（Community Affairs Department）于2013年1月3日成立了生态社区办公室（Eco Community Unit）。生态社区办公室在全市范围内协调了大约20项活动，如学校和社区零废物计划、学校回收再利用行动表彰计划和社区农业活动等。同时，MBSP也在研究采用厌氧方法处理有机废物，计划在其200 t沼气设施建成后进一步加强对食品垃圾的分类运动。

五、槟城垃圾分类面临的挑战

虽然槟城在垃圾分类上已经取得了一定的成效，但是仍然面临很多挑战，这些挑战阻碍着垃圾分类的持续进步。

一是槟城政府对垃圾焚烧的态度变化。虽然州政府官员最初对垃圾焚烧持反对态度，但近年来州政府官员在此问题上的意见正在发生明显变化，甚至开始更倾向通过垃圾焚烧来处理垃圾。州行政长官Jagdeep Singh Deo认为，发展垃圾焚烧可以有助于解决槟城的垃圾填埋场处理能力不足的问题，同时这也符合马来西亚联邦政府提出的各州拥有自己的垃圾焚烧厂的计划。但是反对垃圾焚烧的群体认为，垃圾焚烧会阻碍垃圾分类的发展，因此一再敦促州政府摒弃发展垃圾焚烧的计划，继续朝着零废弃的方向发展。

二是槟城现行的垃圾分类法规体系不完善。垃圾分类法规体系的不完善严重阻碍了槟城垃圾分类的进一步发展。虽然槟城政府和MBSP都有一些推动居民参

---

81 参见 https：//zerowasteworld.org/wp-content/uploads/Penang.pdf。

与厨余垃圾分类的措施和活动，但是目前仍没有要求强制对厨余垃圾进行分类的相关法律，厨余垃圾仍与其他不可回收垃圾一起被运往填埋场。混合了厨余和其他有机物的垃圾进入填埋场以后会产生大量温室气体，并缩短填埋场的寿命。此外，槟城目前的垃圾分类政策主要集中在源头分类，但是缺少EPR制度、垃圾生产者付费制度，因此并不能从根本上推动垃圾减量。

案例三 迈向“无废城市”：万隆的经验

一、引言

万隆（Bandung），又称勃良安，是印度尼西亚西爪哇省的首府，也是印度尼西亚第四大城市。[82]万隆行政区域的面积不足170 km^2，却居住着超过250万的常住人口。[83]

作为高人口密度城市，万隆也曾一度面临因垃圾处理能力低而引发的环境危机，如传统垃圾焚烧方法带来了严重的大气污染，市内河道与沟渠漂浮着各种垃圾，凌乱分布的垃圾填埋场污染着当地的生态环境，等等。

然而，随着印度尼西亚《垃圾管理法》（*Waste Management Law*，2008）的颁布施行，以及2013年利德宛·卡米尔（Ridwan Kamil）当选万隆市长后推行的

82 参见 https：//www.citypopulation.de/Indonesia-MU.html。

83 参见 https：//en.wikipedia.org/wiki/Bandung。

“无废城市”（zero waste city）垃圾治理策略，万隆的垃圾治理成效逐渐显现，大气环境质量大为提升，水及土地等污染问题也有了明显的改善。

在这一背景下，万隆在2015年与印度尼西亚357个城市的竞争中脱颖而出，获得了由印度尼西亚环境与林业部颁发的阿迪普拉奖（Adipura）——表彰其在城市环境治理上的优异表现。2017年9月，万隆又因在大气污染治理成效上的贡献获得了第四届东盟国家环境可持续城市奖。

为何短短十几年，万隆就可以从一个被垃圾污染严重困扰的城市转变为垃圾治理的典范，并且不断迈向建设“无废城市”的目标？其垃圾治理成效显著的背后有哪些因素在发挥着关键作用？对于其他国家或地区，万隆的垃圾治理又有哪些经验可以借鉴？建设“无废城市”的万隆还存在哪些挑战与风险？

在上述问题的引领下，下文将首先梳理出万隆治理的制度建设，其次基于全过程均衡视角勾勒出其垃圾治理策略，再概述近年来万隆在建设“无废城市”方面的实践，最后进行总结。

二、垃圾治理的制度建设

早期，万隆对垃圾的处理是比较粗放的。在农村，由于缺少垃圾回收设施，村民多是将家庭垃圾随意丢弃，而城市地区虽要求居民将废弃物统一集中回收，但缺乏规范化的垃圾处理流程，通常是将未经分类的垃圾直接运送至垃圾填埋场进行填埋处理。

随着城市扩张和人口规模的急剧增加，万隆产生的垃圾与日俱增。据全球焚化炉替代联盟（Global Alliance for Incinerator Alternatives）的估计，万隆每日产生近1 600 t垃圾，[84]但由于缺乏适当的垃圾治理策略，其垃圾处理能力极为有限，几

84 参见 https：//zerowasteworld.org/wp-content/uploads/Bandung.pdf。

处垃圾填埋场均处在高负荷运转的状态，未能及时处理的各类垃圾在露天堆放，对垃圾填埋场周边的生态环境造成了严重的危害。

2005年2月21日，万隆附近的鲁维加加垃圾填埋场（leuwigajah landfill）发生崩塌事故，造成143人伤亡的重大事故。事故发生后，万隆市政府曾强调要建设更多的小型垃圾填埋场，以避免类似事件的重演，但零散分布的小型垃圾填埋场由于承载能力有限，很快便再次堆积如山。

为了起到警示作用，印度尼西亚政府将每年的2月21日定为国家垃圾宣传日，以吸引更多的人重视国家正在面临的垃圾管理危机。垃圾崩塌事故发生后，万隆市政府逐渐意识到既有垃圾管理上存在的严重问题，开始探索并尝试采取其他更为多元的方式对垃圾进行处理，如建设更多的垃圾焚化炉，以减少垃圾堆放对生态环境和安全所造成的负面影响，不过这一政策方案后因垃圾焚化炉周边居民和环保组织的强力反对而不得不被搁置。

在印度尼西亚中央政府层面，受垃圾填埋场崩塌事故的影响，国会于2008年通过了《垃圾管理法》。这是印度尼西亚历史上第一部以垃圾管理为核心议题的纲领性法律，其核心目的在于将传统“回收—运输—填埋”的垃圾处理方式转变为集垃圾回收、分类、循环和处理于一体的综合型垃圾治理体系。在《垃圾管理法》的影响下，印度尼西亚政府也从行政架构上对垃圾治理架构进行了重构，形成中央到地方的多层级治理架构。

首先，在中央政府层面组建了环境部（Ministry of Environment）和公共工程部（Ministry of Public Works）以应对和处理与垃圾治理相关的议题。具体而言，环境部主要是负责全国范围内的垃圾管理政策规定的制定及倡导，公共工程部的职责则是偏向于实践层面的执行，即立足于中央政府的优势，指导和监督地方政府的垃圾管理运作，同时面向地方政府提供技术与资金支持，以帮助地方政府关停露天垃圾填埋场、提供现代化的垃圾处理设备和建设更多的垃圾处理设施等，从而实现对垃圾进行有效处理的政策目标。此外，工业和贸易部（Ministry of Industry and Trade）、农业部（Ministry of Agriculture）和统计局（Statistic Indonesia）等中央政府部门也根据其职能特点参与到垃圾管理的政策过程中，提供数据、设备与技术等与垃圾管理密切相关的各个环节的支撑，形成中央政府层面的垃圾协同治理网络。

其次，万隆所在的西爪哇省将垃圾管理的职责统一集中在人口定居与房产署（Human Settlement and Housing Agency）。该部门在垃圾管理上的职能具体体现为以下两点：一是建设并运行地方垃圾处理站，二是为辖区内各个城市的垃圾管理工作提供各类协助。而为了完成上述任务，人口定居与房产署在内部又组建了地区垃圾管理局（Regional Solid Waste Management Division），负责对接中央政府的环境部，完成垃圾管理中的具体政策制定与执行工作。西爪哇省的发展规划部门和环境保护部门也会参与其中，协助开展垃圾处理站的规划选址及邻近地区的环境评估等工作。

最后，在万隆市级政府层面组建了垃圾管理公司（Solid Waste Enterprise），负责对万隆城区的垃圾进行收集、运输和处理，同时也会为垃圾填埋场附近的居民提供公共健康服务与咨询，以回应周边民众对垃圾污染这一潜在威胁的担心。

根据《垃圾管理法》的界定，城市垃圾被分为3个类别，分别是生活垃圾、类生活垃圾和特殊垃圾。生活垃圾，即居民日常家庭生活中所形成的垃圾，包括食物厨余、废旧纸张和塑胶制品等。类生活垃圾与居民生活垃圾相似，不同点则体现在来源地上，类生活垃圾主要来自商业区、工业区和公共设施等地。特殊垃圾则是指含有有毒有害物质的垃圾，如废旧电池等含铅、汞等化学物品的垃圾。

对垃圾类型进行界定后，就要涉及如何对相关垃圾进行处理，以及怎样管理垃圾衍生出来的环境等方面的问题。在垃圾管理方面，《垃圾管理法》提出两个总的原则：一是减量（Reduction），二是处理（Handling）。所谓的减量原则强调要从垃圾产生的源头进行治理，通过减少垃圾的产生、对物品进行再利用与再循环从源头降低垃圾的产生概率；处理的原则体现在垃圾产生后的应对阶段，在对垃圾的管理过程中，即通过分类、回收、运输、预处理和最终处理等多个环节，将城市垃圾进行最大限度的利用与无害化处理，减轻因垃圾处置不当而造成的环境危害。

此外，《垃圾管理法》还提出一些其他举措，如在制造业中推行EPR制度、在垃圾处理行业实行证照许可制度等，以规范化、制度化的方式对垃圾处理行业设置进入条件和操作流程。

三、全过程均衡的垃圾治理策略

万隆对于垃圾的回收是以社区为单位的，分别由小规模社区协会（Rukun Tetangga，RT）和大规模社区协会（Rukun Warga，RW）负责社区层面的垃圾回收工作。两个协会的划分标准是依据社区规模，通常而言，小规模社区协会由30～35户家庭组成，大规模社区协会则是由10～15个小规模社区协会构成。

社区协会根据普通家庭类垃圾和商业类垃圾的类别差异及容量上的不同收取一定的垃圾处理费，普通家庭类垃圾通常为0.2万～2万印度尼西亚卢比/m^3，而商业类垃圾的收费标准大致为1.5万印度尼西亚卢比/m^3。通过收集到的垃圾处理费，社区协会将雇佣邻近社区的一个人专职负责社区内垃圾的收集工作。

在万隆市政府对垃圾分类进行宣传教育的作用下，当负责社区垃圾回收的回收者到住户家里收集垃圾时，居民通常是已经按照垃圾类别做出了分类，如果没有进行分类则由回收者再次进行分类。从社区住户中收集到的垃圾会被运送到临时垃圾转运站（Tempat Penatungan Sementara，TPS），如图25所示。

根据公共工程部的规定，临时垃圾转运站的建设必须满足如下技术标准：面积不得超过200 m^2；必须提供包括有机垃圾、非有机垃圾、纸张垃圾、有毒垃圾

图25　临时垃圾转运站

和废物残渣在内的分类垃圾箱；不得处于障碍位置；不污染环境；场地的位置不会影响到周围的环境美观和交通出行；有定期的垃圾收集和运输活动。[85]

临时垃圾转运站仅承担了垃圾的暂时性集中回收、分类和储存功能，下一阶段将由政府组建的垃圾管理公司或是以外包的方式由私人企业用卡车将垃圾运送至垃圾处理中心（TPS3R），如图26所示。

图26　垃圾处理中心

85　参见 https//waste4change.com/lets-get-to-know-the-functions-of-indonesias-waste-management-facilities-tps-tps-3r-tpst-and-tpa/。

垃圾处理中心的核心目的是减少垃圾产生的数量，对垃圾进行再利用与再循环，以降低最终进入垃圾填埋场的垃圾总额。在覆盖范围上，一个垃圾处理中心将至少服务400户家庭。公共工程部对垃圾处理中心的建设规范也提出了技术要求，如在占地面积上不得超过200 m^2；至少应该容纳5种类别的垃圾放置；应设置垃圾分选室、有机堆肥和沼气设备、仓库与缓冲区等；不能影响周边交通和环境美观；选址上尽可能靠近所服务的社区范围，至少是不能超过1 km的半径，以便容易送达；不污染环境；有定期的收集和运输活动。[86]

垃圾在垃圾处理中心处理完成后，将被运至综合垃圾管理站点（Tempat Pengolahan Sampah Terpadu，TPST），如图27所示。与临时垃圾转运站和垃圾处理中心的功能相比，综合垃圾管理站点在承担的职能上更具有综合性的特点，拥有更为复杂全面的垃圾处理体系，包括回收、分类、利用、循环、初期处理和最终处理，管理着垃圾处理的最终过程，从而让垃圾可以进行较为安全与无害的处理。

图27 综合垃圾管理站点

86 参见 https：//waste4change.com/lets-get-to-know-the-functions-of-indonesias-waste-management-facilities-tps-tps-3r-tpst-and-tpa/。

公共工程部对综合垃圾管理站点的设计规范如下：建筑面积应大于20 000 m^2；具体位置可设置在市内，也可以设在垃圾填埋场；位置距离最近的居民区应该至少为500 m；对垃圾处理的具体技术应根据《垃圾管理法》第31条第3款的规定选用；应设有分类室、垃圾处理厂、环境污染控制、残留物处理、辅助设施和缓冲区等特定区域。[87]

垃圾最终处理站（Tempat Pemrosesan Akhir，TPA）是整个垃圾处理流程的最终环节。从综合垃圾管理站点筛选出的垃圾将被转运至垃圾最终处理站，其主要职能是对筛选出的垃圾进行无害化处理，在填埋技术方式上有受控填埋场（controlled landfill）和卫生填埋场（sanitary landfill）2种。受控填埋场可以被视为露天垃圾填埋场的升级版，以减少露天垃圾场所产生的负面影响。在具体操作过程中，为了提高土地利用效率和垃圾填埋场的表面稳定性，受控垃圾填埋场将对垃圾进行压实和平整化处理。而卫生填埋系统则是在压实的垃圾表面上覆盖土壤，因此存在着特定覆盖区域中散布和压实的垃圾处理过程。

尽管由社区收集而来的垃圾已经在临时垃圾转运站、垃圾处理中心和综合垃圾管理站点经过由简单分类到生物降解的相应处理，但垃圾最终处理站仍是必需的，这主要是因为以下三点：一是通过在源头减少垃圾、回收或是最小化处理垃圾总量都不能完全杜绝垃圾的产生；二是垃圾处理过程中所产生的残余垃圾必须被再次处理；三是有一些垃圾既无法通过生物及化学方法进行降解，也无法进行焚烧处理。

垃圾最终处理站必须处在一定的隔离环境中，以防止产生由垃圾污染所带来的相关问题。①病媒生物的生长。垃圾是适合各种病媒生物的巢，在垃圾最终处理站经常会发现各种类型的老鼠、苍蝇、蟑螂和蚊子。②空气污染。如果甲烷

87 参见 https：//waste4change.com/lets-get-to-know-the-functions-of-indonesias-waste-management-facilities-tps-tps-3r-tpst-and-tpa/。

（CH_4）气体暴露于火花或闪电中，则有机废物的厌氧性衰变反应产生的甲烷气体可能会引起爆炸。此外，甲烷气体也是导致气候变化的原因之一，应予以防范。③渗滤液污染。渗滤液是废物分解产生的一种液体，可以吸收和污染地下水。渗滤液的产生受外部水源的影响，如降雨、地表流量、渗透、蒸发、蒸腾作用、温度、废物成分、湿度及垃圾填埋场中垃圾堆的深度/高度。垃圾最终处理站的渗滤液处理如图28所示。

图28 垃圾最终处理站的渗滤液处理

垃圾填埋场的渗滤液处理可以通过多种方式进行，如：隔离垃圾填埋场，以免外部水进入且不会渗出渗滤液；优先选择具有能够中和污染能力的路基土地；将渗滤液（再循环）返回垃圾填埋场；将渗滤液排放到生活用水处理厂；通过建造废水处理厂（WWTP）对渗滤液进行特殊处理。

四、建设“无废城市”的万隆实践

随着《垃圾管理法》的施行，万隆的垃圾治理成效有了一定进步，但也存在一些问题，如由于缺乏规范系统的垃圾分类，在垃圾运输环节每吨至少要投入165万印度尼西亚卢比；万隆每日的垃圾处理能力为1 200 t，但仍有400 t的垃圾无法得到有效的处理[88]；并不是所有的社区（RW）都有专职的垃圾回收者，这也使一些居民只能将垃圾随意丢弃；在街道（Kelurahan）和乡村社区层面缺乏强制性措施，使居民拒绝进行垃圾分类；还有一些社区因为没有建设临时垃圾转运站，社区的专职垃圾回收者经常采取将垃圾直接焚烧的方式进行处理。这些既有的垃圾治理策略上的问题，使万隆的垃圾治理仍存在不可忽视的局限性。

2013年，曾为建筑师的利德宛·卡米尔当选万隆市长。其在当选不久后便与环保社会组织YPBB展开合作，制定建设“无废城市”的总体规划。万隆的“无废城市”计划强调通过对垃圾的再利用，使未来万隆将没有垃圾再被送至垃圾填埋场、焚化炉和海洋中进行处理。

随后，在万隆市政府的支持下，YPBB与菲律宾地球母亲基金会（Mother Earth Foundation）合作，在万隆的4个街道（Kelurahans）和7个社区（RW）推行家庭垃圾分类。通过深入社区对垃圾分类的重要性和分类方法进行一系列宣传教育，号召居民在源头进行垃圾分类，以减少垃圾的产生。

在实际行动上，针对有些偏远地区社会协会无法将其垃圾回收到临时垃圾转运站，或是该地区缺乏临时垃圾转运站等设施的情况，YPBB主张将湿垃圾在当地工厂中进行堆肥或生物降解处理，对于可回收垃圾，则可以送到旧货商店，而残余废弃物要在垃圾场进行处理，具体如图29所示。目前，YPBB提出的“无废

88　参见https：//waste4change.com/lets-get-to-know-the-functions-of-indonesias-waste-management-facilities-tps-tps-3r-tpst-and-tpa/。

城市”运动也已经在41个社区（RW）展开了。

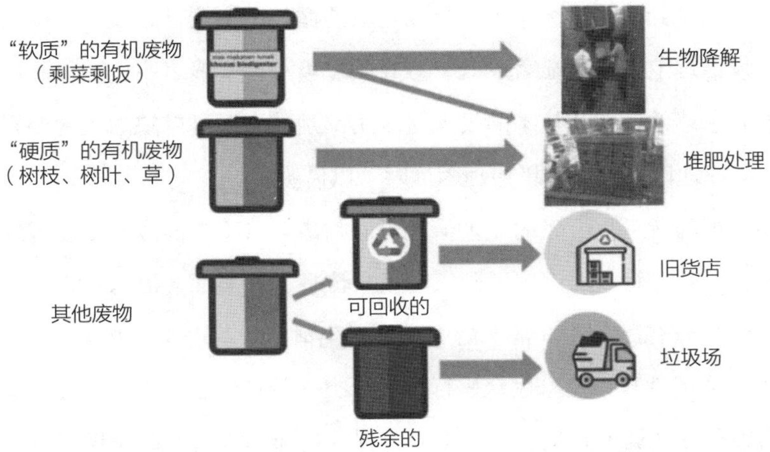

图29 YPBB“无废城市”项目示意图

通过YPBB倡议的“无废城市”垃圾处理项目，万隆将生活垃圾转化为堆肥，这将减少75%的垃圾填埋总量。生活垃圾中有超过一半的垃圾为有机垃圾，而可回收垃圾占16%，余下的27%为残渣垃圾。有机垃圾可以在居民家中或是垃圾处理中心进行处理，这样就有效减少了垃圾总量，实现了经济效益与社会效益的统一。

2018年，默罕默德·丹尼尔（H.Oded Muhammad Danial）作为利德宛·卡米尔的继任者，在当选市长后发起了Kang Pisman的垃圾治理运动，目前是在总量上减少垃圾产生，以及对垃圾进行分类与再利用。为了使Kang Pisman项目得以顺利开展，万隆颁布了新的垃圾管理法规，将市政府在垃圾治理中的角色定位为垃圾的分类、回收、管理、运输和最终处理。2019年，为了降低残余垃圾因不可被分解而对环境造成的负面影响，万隆市政府也发布了“限塑令”。

五、小结

从垃圾围城到减少垃圾产生，再到垃圾的循环与利用，建设“无废城市”的万隆在垃圾治理上取得了显著成效。万隆的垃圾治理实践表明，法律制度层面的支持、多元主体的参与和技术的投入与应用都是其中不可或缺的关键要素，是值得其他国家或地区在应对垃圾治理困境时予以借鉴的。

但在成绩的背后，万隆的垃圾治理仍面临诸多风险与挑战，主要表现在以下几个方面：一是尽管政府设定了国家垃圾宣传日，各类社会组织也投入力量进行宣传，提醒与号召民众在日常生活中注重对生活垃圾的分类，但基层社区（RW或RT）没有实质性权力要求民众进行垃圾分类，并且由于缺乏强制性要求及相应的奖惩措施，社区居民垃圾分类的意识不强，进而加剧了社区垃圾回收者的工作负担，影响了临时垃圾转运站的工作效率。二是虽然印度尼西亚从中央到地方各级政府都高度重视垃圾治理工作，也在制度层面出台了相关法律法规予以保障，但在法律层面的措施仅提供了两个原则，未能提出具体的执行战略，导致不同的区域与城市之间存在较大的差异，难以提升区域之间的垃圾协同治理网络；建设“无废城市”在资金投入上仍然面临着较大不足，更多的专项资金需要投入街道层面来推进“无废城市”项目。

案例四 比利时垃圾分类的成功经验

一、引言

作为欧盟成员国，比利时在垃圾分类方面取得的成绩居于欧盟国家前列。比利时自20世纪90年代初便开始推广垃圾分类，为此政府部门出台了一系列较为完善、严格的垃圾管理制度，并针对不同人群开设了垃圾分类相关课程。比利时的环保理念深入人心，垃圾分类成为每个比利时家庭的必修课之一，95%的家庭会自觉按照规定进行垃圾分类。根据《欧洲废弃物框架指令》（*European Waste Framework Directive 2008/98/EC*），到2020年，50%的城市废物必须得到回收利用。根据欧盟统计局（Eurostat）的数据，比利时和德国、奥地利、荷兰4个成员国早在2012年就已经达成这一目标。[89]根据欧盟统计局公布的数据，2016年比利时的垃圾循环再生率为78%，远高于欧盟整体水平（约55%），领先于其他欧盟国家。[90]

比利时位于欧洲西部沿海，东与德国接壤，北与荷兰比邻，南与法国交界，东南与卢森堡毗连，西临北海，与英国隔海相望。全国陆地面积为30 528 km^2（约为2个北京市的面积），人口为1 143万。2019年，比利时人均GDP为46 117 美

---

89 Anneke Leysen，Nicolas Preillon. Belgian Recycling Waste & Solutions [EB/OL].（2014-08-22）[2021-01-12].https：//www.abh-ace.be/sites/default/files/downloads/20140822_ace_brochure_waste_BD.pdf.

90 Eurosata. Database of Waste [EB/OL].[2021-04-03]. https：//ec.europa.eu/eurostat/web/waste/data/database.

元。根据联合国公布的《2018人类发展报告》，比利时的人类发展指数（human development index）为0.931，全球排名第14位，属于高度发达的国家。[91]从行政区划上看，比利时分为布鲁塞尔首都大区（Brussels Capital Region，BCR）、弗拉芒大区（Flanders Region）和瓦隆大区（Wallonia Region），其废弃物管理就由这3个行政大区分别负责。

二、比利时垃圾分类现状

（一）布鲁塞尔首都大区

布鲁塞尔首都大区的人口密度非常高，城市化水平也很高，经济主要以服务业为主。自2000年开始，布鲁塞尔首都大区开始实行强制性垃圾分类，主要由两个政府机构负责垃圾分类在内的废弃物管理：布鲁塞尔环境局（Bruxelles Environment），负责制定废弃物预防和管理政策；布鲁塞尔环卫局（Agence Bruxelles Propreté），负责城市废弃物收集和处理。

在整个布鲁塞尔首都大区，可回收的纸张、塑料、玻璃、电池、化学品和笨重的家庭用品都应与“残余垃圾”（residual waste）分开。布鲁塞尔环卫局的垃圾收集人员负责驾驶垃圾车穿过城市的街道，从居民区收集垃圾。收集人员在收集垃圾时会打开垃圾袋并检查，如果居民没有分类或者分得不好，垃圾袋就不会被收走。该机构与市政当局一道还负责布鲁塞尔首都大区公共区域的清洁工作。在布鲁塞尔首都大区，垃圾需要根据不同的种类放入3种不同颜色的垃圾袋中（在任何超市都可以买到）。其中，黄色袋子放置废纸（包括报纸、杂志、广告、宣传册等）和硬纸板。根据政府的要求，废纸和硬纸板必须是干燥、清洁和并折叠好的，如果是大纸板箱，应折叠起来放在黄色袋子旁边的街道上。黄色袋

---

91 The United Nations. Human Development Report［EB/OL］.（2020-01-01）［2021-01-12］. http：//hdr.undp.org/sites/default/files/hdr2020.pdf.

子每周收集1次，内容物可被回收利用。蓝色袋子放置空塑料瓶、金属包装和饮料盒（如金属罐头盒、铝碗、金属盖、牛奶盒等），每周收集1次，收集后的垃圾会被回收利用。白色袋子放置未分类的废弃物，每周收集2次，重量不能超过15 kg，袋子有30 L、60 L和80 L 3种尺寸。这些废弃物收集后会被运送到焚烧厂焚化再转化为能量。

需要注意的是，在布鲁塞尔首都大区内，不同城市收集垃圾的时间不同，有时同一城市内不同街道的收集时间也不同。另外，废弃的玻璃瓶不能放在这3个常规的垃圾袋里，必须单独投入住家附近专门收集玻璃容器的收集点。居民可以在政府网站输入住家所在街道、邮编等信息查询垃圾收集的时间和玻璃容器的收集点信息。如果市民在非允许时间扔垃圾袋、非法倾倒垃圾等，可能会被处以高达250欧元的罚款。

在比利时，不同的大区、不同的城市对厨余等有机垃圾的处理方式不尽相同。从2020年开始，首都布鲁塞尔市在黄、蓝、白三色垃圾袋之外又增加了橙色垃圾袋，专门用于投放厨余等有机废弃物，在集中收集以后做堆肥之用。

（二）弗拉芒大区

弗拉芒大区位于比利时北部，面积为13 522 km^2（占比利时陆地面积的44.29%）。如今它是欧洲人口密度最大的地区之一，每平方千米约有455位居民。弗拉芒大区推行垃圾分类的历史较长，早在20世纪80年代初就开始进行垃圾分类的尝试。2000年，弗拉芒大区已经达到了欧盟《欧洲废弃物框架指令》设定的2020年废弃物回收目标。根据欧盟环境署的研究报告，在比利时3个行政大区中，弗拉芒大区的垃圾回收率是最高的。[92]同时，弗拉芒大区在废弃物管理方面

92 Gentil E C. Municipal waste management in Belgium. ETC/SCP working paper［EB/OL］.（2017−05−21）［2021−01−12］.https：//www.eea.europa.eu/publications/belgium-municipal-waste-management.

的很多做法对比利时全国乃至欧盟其他国家都产生了影响。随着时代的发展，弗拉芒大区废弃物管理的理念和政策也在不断发展。1986—1990年，弗拉芒大区实施了第一个废弃物管理计划，重点是关闭垃圾填埋场和开发标准更高的新垃圾填埋场，以最大限度地利用现有的焚化能力，并开始尝试分类收集城市固体废物。第二个计划于1991—1995年实施，该时期废弃物管理的重点在于垃圾分类政策的全面实施。自20世纪90年代后期以来，弗拉芒大区垃圾管理政策的重点已经从分类处理逐渐转向源头减量、循环经济。[93]可以说，弗拉芒大区的废弃物管理理念和政策是相当先进的。经过数十年的努力，弗拉芒大区的垃圾分类取得了长足的进步。根据弗拉芒城市协会的报告，1991年，大区内的居民每户每年产生的垃圾为406 kg，其中分类回收的垃圾为75 kg，回收率为18%；2017年，大区内的居民每户每年产生的垃圾为470 kg，其中分类回收的垃圾为324 kg，回收率为69%。将近30年时间里，户均垃圾产生量增加了16%，而回收率增加了3倍多。[94]

在弗拉芒大区内，大区政府负责制定总体政策目标和法律框架，如确定什么废弃物应尽量单独收集、批准弗拉芒废物管理计划等；各市政当局的职责在于依法组织收集和处理废弃物，决定如何、何时、由谁收集生活垃圾等。在分类方法上，比利时3个行政大区采用的方法基本类似。不同种类的可回收垃圾装入不同颜色的垃圾袋，放在固定的垃圾收集点后，由专门的公司或者市政部门负责收集。弗拉芒大区推行了从量制（pay as you throw），基于产生垃圾的数量，居民需要为此支付相应的垃圾处理费用。为了鼓励公众参与垃圾分类，除提供家门口收集可

93 Kristel Vandenbroek. ENC Country Report 2015：Belgium（Flanders）[EB/OL].（2017-02-09）[2021-01-12].https：//www.compostnetwork.info/wordpress/wp-content/uploads/170209_ECN-Country-report_Flanders.pdf.

94 Christof Delatter. Waste Management in Flanders： Motivation and incentives for municipal waste management [EB/OL].（2019-07-01）[2021-01-12].https：//www.collectors2020.eu/wp-content/uploads/2019/07/COLLECTORS_Interafval_panel3.pdf.

回收垃圾的服务外（图30），弗拉芒大区还建立了密集的市政设施网络以收集可回收垃圾（平均19户有一个可回收垃圾收集站点）。[95]

图30 家门口垃圾回收

特别值得关注的是，弗拉芒大区是比利时最早对有机垃圾进行分类收集的地区。20世纪90年代初，弗拉芒大区的市政当局要求单独收集家庭中产生的有机垃圾。此后，堆肥处理设施也开始建立。近20年来，弗拉芒公共废弃物管理局（OVAM）在弗拉芒大区积极推动立法，促进有机废弃物的分类收集、处理、堆肥等，以达到可持续利用的目的。在立法的推动下，自2006年以来，大约有40家堆肥工厂开工建设。[96]同时，为了促进厨余垃圾的回收和处理，不同的城市还会因地制宜地制定符合城市实际情况的厨余减量计划，布鲁日（Bruges）就是其中的典型代表。

（三）瓦隆大区

瓦隆大区位于比利时南部，面积为16 844 km^2，人口为330万。瓦隆大区在垃圾分类方面的表现相对落后，大区内垃圾循环再生率长期低于比利时全国的平均水平。[97]近年来，随着零废弃和循环经济理念的推广，瓦隆大区在垃圾分类方面加大了行动力度。瓦隆政府于2018年3月22日通过了新的“瓦隆废物资源计划”

95 Christof Delatter. Waste Management in Flanders： Motivation and incentives for municipal waste management［EB/OL］.（2019–07–01）［2021–01–12］.https：//www.collectors2020.eu/wp–content/uploads/2019/07/COLLECTORS_Interafval_panel3.pdf.

96 Kristel Vandenbroek. ENC Country Report 2015: Belgium（Flanders）[EB/OL].（2017–02–09）［2021–01–12］.https：//www.compostnetwork.info/wordpress/wp–content/uploads/170209_ECN–Country–report_Flanders.pdf.

97 Gentil E C. Municipal waste management in Belgium. ETC/SCP working paper.［EB/OL］.（2017–05–21）［2021–01–12］.https：//www.eea.europa.eu/publications/belgium–municipal–waste–management.

（Walloon Waste-Resource Plan，PWD-R），以推动垃圾的源头减量和循环利用。根据《欧洲废弃物框架指令》的目标，PWD-R为某些类型的生活垃圾在2025年前的循环再利用率设定了具体的目标。其中，家庭厨余垃圾的循环再利用率要从2013年的14%提升到2025年的53%，纸盒和玻璃瓶从86%提升到95%，废旧织物从55%提升到75%。[98]

为了实现这一目标，瓦隆大区政府推出了一系列措施。例如，2019年，为了应对塑料垃圾问题，大区政府计划以公私部门合作的形式，投资6 000万欧元创建一个专门从事塑料回收的部门，以期成为塑料回收行业的领军者。[99]

总体来说，瓦隆大区的生活垃圾分类、收集系统与其他两个大区大致类似。在瓦隆大区的政治、行政中心城市那慕尔（Namur），市民需将不同种类的生活垃圾投入不同颜色的垃圾袋中，再把垃圾袋放在家门口、家附近等便于工作人员收集的地点。对于特定品类的垃圾（如玻璃、旧家具），应放在专门回收点进行收集（图31）。市政当局针对不同的垃圾制定相应的收集时间表，相关责任主体定时将居民放置在外的垃圾袋清走。市政府还开发了手机App，市民可以通过App查询分类方法、收集点、收集时间等信息。

图31　玻璃瓶回收点

98　Wallonie. Walloon Waste−Resources Plan： non−technical summary［EB/OL］.（2017−05−21）［2021−01−13］.https：//www.eea.europa.eu/publications/belgium−municipal−waste−management.https：//sol.environnement.wallonie.be/files/PWDR/WWRP−NTS−EN.pdf.

99　Wallonia. A new sector for recycling plastic in Wallonia！［EB/OL］.（2019−11−02）［2021−01−13］.http：//www.wallonia.be/en/news/new−sector−recycling−plastic−wallonia.

三、比利时垃圾分类成功经验总结

通过对3个行政大区垃圾分类实践经验的分析可以发现，比利时在垃圾分类方面的成功离不开3个层面的因素，分别是政策立法、经济激励及社会参与。

（一）政策立法

政策立法在比利时各地推行垃圾分类的过程中发挥着基础性作用。[100]在比利时，布鲁塞尔首都大区、弗拉芒大区和瓦隆大区具有高度的自治权，大区政府在制定区域内废弃物管理政策、法律方面承担了核心领导的作用。通过研究比利时大区政府制定的废弃物管理政策发现，政府的政策理念是不断更新、不断进步的。时至今日，比利时3个行政大区的废弃物管理政策都不再局限于对已经产生的废弃物的处理，而是将源头减量、循环经济等先进理念贯穿于政策和法律之中，从根本上推动垃圾的减量化、循环再利用及可持续发展。以弗拉芒大区为例，大区政府2018年制定通过的废弃物管理政策严格遵循公认的优先次序制度，将源头减量和循环利用的原则放在首要位置。为了实现这一目标，设计了一系列相关政策，如垃圾焚烧企业和垃圾填埋场不能接收未分类的生活垃圾，否则将被处以罚款。[101]除了制定政策、法律，政府的执法人员在垃圾分类中还发挥了重要的作用。目前，3个行政大区都已经立法推进强制性垃圾分类，垃圾分类已成为公民必须履行的法定义务。执法人员会不定期于居民区、垃圾填埋场、垃圾焚烧企业等地执法，如果发现居民或者企业未遵守当地垃圾分类相关法律规定，就会对其处以罚款。[102]当然，受执法资源所限，垃圾分类的有效实施肯定不可能

---

100 与布鲁日市政府负责厨余垃圾管理的 Karine Batselier 的访谈，2020 年 10 月 23 日。

101 Kristel Vandenbroek. ENC Country Report 2015：Belgium（Flanders）[EB/OL].（2017-02-09）[2021-01-12].https：//www.compostnetwork.info/wordpress/wp-content/uploads/170209_ECN-Country-report_Flanders.pdf.

102 与布鲁日市政府负责厨余垃圾管理的 Karine Batselier 的访谈，2020 年 10 月 23 日。

只依靠执法人员的监督、执法，更多的时候还要依靠民众自觉的法律意识和公民责任。

（二）经济激励

比利时垃圾分类的成功也离不开经济激励措施的作用，特别是从量制和EPR、补贴、税收等制度设计。

在比利时的3个行政大区中，从量制都是在购买标准化垃圾袋这一环节中实现的。民众在生活中都需要购买定价中包含垃圾处理费的专门垃圾袋，或者支付额外的大件垃圾处理费。在那慕尔，一个专门投放有机废弃物、容量为25 L的垃圾袋售价为0.3欧元，一个装可回收的塑料、金属和饮料盒的60 L垃圾袋售价为0.15欧元。装不可回收垃圾的袋子有30 L和60 L两种规格，价格分别为每只0.5欧元和1欧元。废纸和硬纸板垃圾不需要放入专门的垃圾袋，只要折叠好放入硬纸盒或者捆绑好放在垃圾收集点即可，也就是说废纸和硬纸板垃圾的处理不需要付费。可回收的玻璃瓶需要单独投放到专门的玻璃瓶收集点，因此这种垃圾的处理也是免费的。另外，EPR也是促进垃圾减量、循环利用的一项重要制度。虽然比利时3个行政大区的垃圾分类体系是相对独立的，但是现在已经建成了全国统一、涵盖11个品类的EPR体系。政府鼓励企业进行循环生产创新，对从事废弃物回收利用的企业进行补贴或者减免其税收。[103]这些政策工具的综合使用使废弃物产生者在经济上负责收集和处理产生的废弃物，同时促进了垃圾的源头减量和循环经济的发展。[104]

---

103 Kristel Vandenbroek. ENC Country Report 2015： Belgium （Flanders）［EB/OL］.（2017-02-09）［2021-01-13］.https：//www.compostnetwork.info/wordpress/wp-content/uploads/170209_ECN-Country-report_Flanders.pdf.

104 OVAM. Good Practice Flanders： PAYT［EB/OL］.（2014-09-09）［2021-01-14］. https：//www.acrplus.org/images/project/R4R/Good_Practices/GP_OVAM_PAYT.pdf.

（三）社会参与

环境教育和环境宣传是比利时垃圾分类取得成功的一个重要因素。比利时各行政大区政府在推行垃圾分类时都很注重教育和传播的重要性。[105]比利时的垃圾分类教育是分层次、有针对性地开展的，实现了多角度、全覆盖。以布鲁塞尔首都大区为例，环保教育主要针对普通民众、学校及专业人士 3 个不同层次展开，并依据不同受众的需求特点进行个性化的方案设计，做到有的放矢。学校是开展环境教育的重要基地，主要根据学生的年龄阶段设计不同的教育内容，不断深化垃圾分类教育的效果。幼儿园是以播放以垃圾分类为主题的动画片的方式开展垃圾分类教育的。小学主要是以实践的方式开展教育，如每个学期都会安排教师利用专门时间手把手教学生如何分类和处理垃圾等。而 14 岁以上的学生则会由布鲁塞尔大区环境卫生局组织到垃圾回收、分拣、填埋场进行实地参观学习，增强学生对垃圾分类的敏感性。[106]另外，各行政大区政府及很多城市的环保部门也都开发了专门的App或者在政府官网上创建垃圾分类宣传网页，居民通过手机App或者网站就可以方便地查阅相关城市或者街区的垃圾分类方法，不同种类垃圾的收集点、收集方式、收集时间表等信息。

此外，社会多元主体参与也是比利时垃圾分类取得成功的一个重要原因。比利时活跃着各种各样的社会组织和私营部门，它们在促进公众参与垃圾分类的过程中扮演着非常重要的角色。在垃圾分类领域，比利时的各级政府都非常重视与社会组织和私营部门的合作，以充分发挥社会和市场的力量，推动垃圾分类的顺利开展。[107]例如，2015年布鲁日市负责环境问题的政府官员米克·霍斯特（Mieke

---

105 Christof Delatter. Waste Management in Flanders： Motivation and incentives for municipal waste management［EB/OL］.（2019-07-01）［2021-01-14］.https：//www.collectors2020.eu/wp-content/uploads/2019/07/COLLECTORS_Interafval_panel3.pdf.

106 杨艳梅 . 严而细：比利时垃圾分类特点［N］. 学习时报，2019-09-27（002）.

107 与布鲁日市政府负责厨余垃圾管理的 Karine Batselier 的访谈，2020 年 10 月 23 日。

Hoste）与社会组织布鲁日食品实验室（Bruges Food Lab）联合发起了一项旨在减少食物、厨余垃圾的计划。这项计划自启动以来取得了很大的成功，使布鲁日成为比利时国内在厨余垃圾减量方面的领先者。这项计划的成功离不开民间社会组织的大力支持，特别是Food WIN和Coduco。在此过程中，布鲁日市与民间组织及其他利益相关方（如餐厅、养老院、医院等）共同制定了行动战略和路线。发起人米克·霍斯特认为："参与式方法产生了很大的效果。我们不再采用自上而下的工作方式，我们需要公民的参与。这可以培育公民的意识，他们的意见对我们很重要。"[108]民间组织的参与对开展垃圾分类的积极作用也得到了布鲁日市政府负责厨余管理的另一位官员Karine Batselier的证实。[109]

四、小结

通过以上分析我们可以发现，比利时垃圾分类的成功是政府、市场与社会多方努力和良性互动的结果。一方面，政府切实承担了制度设计和执法监督的领导角色。不同层级的政府职责分工明确，行政大区政府主要负责制定废弃物管理的目标规划、框架法律。大区政府以下的市镇地方政府负责因地制宜地制定具体的法规措施，对垃圾分类的各个环节进行管理，使大区政府制定的目标和框架在基层社区落地。比利时的各级政府非常重视经济激励措施在垃圾分类治理中的作用，实行了严格的从量制、EPR、补贴、税收等政策制度。例如，虽然比利时3个行政大区的垃圾分类体系是相对独立的，但是通过建立全国统一、涵盖11个品类的EPR体系，充分发挥了市场机制在促进垃圾循环再生中的作用。政府科学、合理的制度设计配合严格的执法，是比利时垃圾分类取得成效的重要因素。另一

108　Zero Waste Europe. The story of Bruges［EB/OL］.（2018-12-09）［2021-01-14］. https://zerowasteeurope.eu/library/the-story-of-bruges/.

109　与布鲁日市政府负责厨余垃圾管理的 Karine Batselier 的访谈，2020 年 10 月 23 日。

方面，私营部门、社会组织、社会公众的积极配合和主动参与为垃圾分类的推行奠定了重要的社会基础。以从量制、EPR制度为例，它们要发挥既定的制度效果肯定离不开市场主体、公众在其中发挥的作用。此外，社会组织的角色也不能忽视，它们是垃圾分类宣传教育的“生力军”，为垃圾分类在学校、社区、企业等场所的顺利推行提供了重要支撑。

案例五 从零回收到零废弃：卢布尔雅那废弃物治理经验

一、引言

作为斯洛文尼亚政治和文化中心的卢布尔雅那（Ljubljana）是欧洲第一个宣布在废弃物管理中遵循零废弃标准的首都。经过16年的努力，卢布尔雅那的废弃物循环回收率从2002年的8.6%攀升至2018年的68%，送至垃圾填埋场处理的废弃物也减少了95%，[110]实现了废弃物管理从零回收到零废弃的跨越式发展。昔日杂草丛生的城市角落变成了绿树成荫的公园，污物散落、污水横流的垃圾填埋场也变成了美丽安静的郊区绿地。在废弃物治理上取得的成绩为卢布尔雅那赢得了“欧洲绿色之都”和“绿色城市”的美誉，使其进入全球环境绩效指数前五名。卢布尔雅那在废弃物治理上的显著成绩背后有哪些关键因素在发挥作用？于其他

110 参见https://zerowasteeurope.eu/2015/05/new-case-study-the-story-of-ljubljana-first-zero-waste-capital-in-europe/。

城市而言，卢布尔雅那又有哪些废弃物治理的经验可供借鉴？下面将从城市废弃物现状、管理制度与治理经验3个方面进行梳理，以概览式呈现卢布尔雅那废弃物高效治理的关键要素。

二、卢布尔雅那城市废弃物现状

（一）城市概况

卢布尔雅那地处阿尔卑斯山山麓的河谷盆地，位于斯洛文尼亚中央地区，是斯洛文尼亚11个特别市之一。自1991年斯洛文尼亚独立以来，卢布尔雅那凭借着交通建设、产业集中和科研力量等方面的优势，迅速成为斯洛文尼亚经济、社会发展的中心城市，人均GPD超过斯洛文尼亚均数的42.6%。[111]卢布尔雅那在产业分布上以医药科技业为主，在行政上拥有较高的自治权，民选产生的市议会拥有最高权力。根据最新的数据统计，卢布尔雅那下辖17个区，城市总面积达到168.8 km^2，人口总量为29.55万，是斯洛文尼亚人口密度最高的城市，人口密度为1 712人/km^2。[112]

（二）废弃物总量、分类及处理情况

在政府和民众的共同努力下，通过推行废弃物分类回收，卢布尔雅那的废弃物产生量不断下降。据统计，2004—2018年，卢布尔雅那的垃圾分类收集量增加了10倍，回收废弃物重量也从2004年的16 kg/人增加到2018年的220 kg/人。2018年，平均每位居民仅产生358 kg的废弃物，低于欧盟国家居民年均产生垃圾492 kg的数值。[113]

图32描绘了2004—2018年卢布尔雅那残余废弃物总量的变化情况。2004—

111　参见 https：//www.ljubljana.si/en/about-ljubljana/。

112　参见 https：//en.wikipedia.org/wiki/Ljubljana。

113　参见 https：//www.intelligentliving.co/ljubljana-zero-waste/。

2008年，卢布尔雅那的残余废弃物［需要进行末端处置（包括焚烧或填埋）的垃圾］大致维持在10万 t；2009—2014年，该数值快速下降，由约9万t降至4.2万t左右；2014年以后，保持在4万t左右。

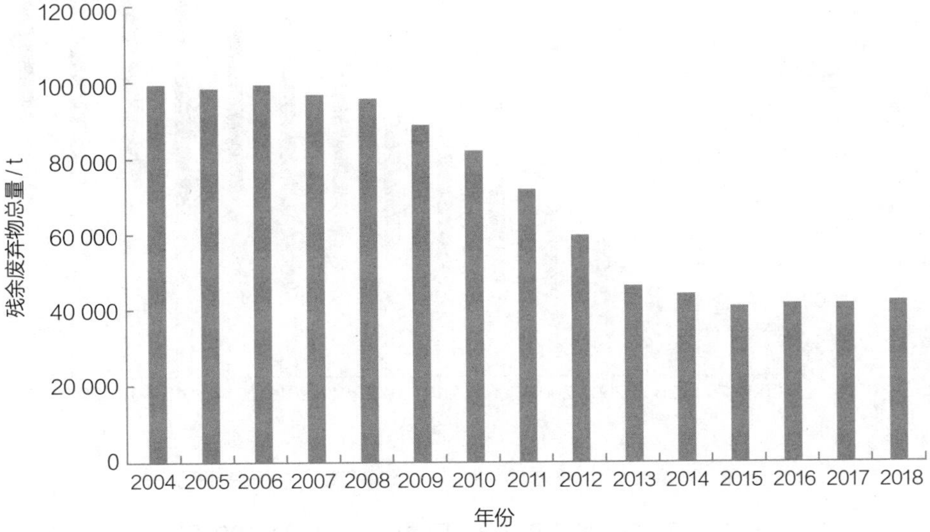

图32　卢布尔雅那残余废弃物总量（2004—2018年）

（资料来源：The Story of Ljubljana）

自卢布尔雅那于2004年施行废弃物分类回收以来，各类废弃物的回收总量均有明显提升。由图33可知，废弃物回收总量呈直线上升趋势，由2004年的约5 000 t快速增至2018年的近6.5万t。具体到各类废弃物的类型方面，可降解废物和包装废物的回收总量获得了最大幅度的增长，废旧纸张和玻璃制品的回收量也有所有增长。2002年，卢布尔雅那的废弃物循环再生率仅为8.6%，而到2025年至少提高至75%。此外，随着废弃物回收效率的提高和处理技术的发展，采用填埋方式对废弃物进行处理的总量也在不断下降，2002年通过填埋方式处理的废弃物总量达到71.3万t，而到2014年降为20.8万t，而且这一数值在今天仍在下降。

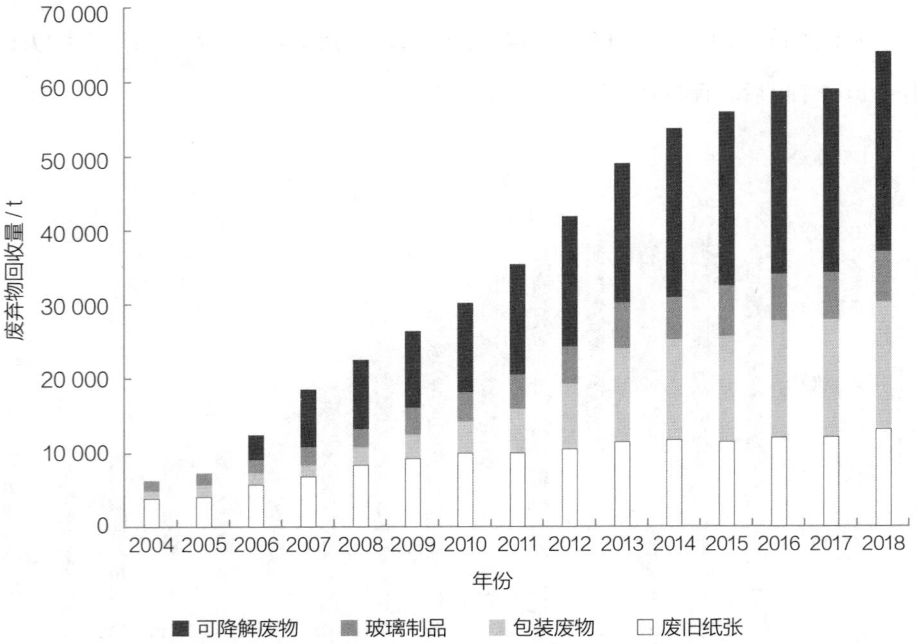

图33　卢布尔雅那废弃物分类回收总量（2004—2018年）

（资料来源：The Story of Ljubljana）

与大多数“无废城市”将生活废弃物、建筑废弃物、工业废弃物和商业废弃物等均纳入废弃物治理范畴所不同的是，卢布尔雅那主要集中在生活废弃物的处理上，具体的分类及处理方式见表6。对于不同类型的生活垃圾，卢布尔雅那采取了不同的处理方式，像金属等可以循环利用的废旧材料将被送去处理，以便于后续的再利用；体积较大、无回收价值的生活废弃物会被制成建筑材料或者固体燃料；可降解的废弃物则在处理站被厌氧消化、烘干灭菌，做成腐殖土，用于城市绿化。

表6 卢布尔雅那生活废弃物分类及处理方式

分类	处理方式
金属、塑料盒、玻璃、纸张、纸板等可循环利用废弃物	可回收
厨余、有机废物、木头和可降解容器等	可堆肥
混合物、摔碎的陶瓷及玻璃等	填埋
沙发、电视、显示器等	按大件物品处理
电池、药物等	按有毒物质处理
电子产品、家具等	按其他物品处理

资料来源：笔者自制。

三、卢布尔雅那废弃物管理制度

（一）法律规定

早在1996年8月，斯洛文尼亚政府环境和空间规划部（Ministry of the Environment and Spatial Planning）便制定了《斯洛文尼亚废弃物管理战略性指导方针》（*Strategic Guidelines on Waste Management in the Republic of Solvenia*），以在全国范围内对城市废弃物管理工作做出纲领性指引，明确提出要用4年时间减少40%的废弃物总量，而实现这一目标的举措是废弃物分类回收、循环再利用等。不过，这一部门层级的规划并没有进入议会的立法程序，于各方主体而言也缺乏相应的法律约束力。而后，斯洛文尼亚议会于1998年通过了《废弃物管理法》（*The Rules on Waste Management*），它以法律条文的形式对废弃物的类型、处理方式及处理中各方的责任等事项均做出了明确的说明。1999年颁布的《国家环境行动计划》（*National Environmental Action Plan*）在实质内容上则更偏向于前述政策规定在执行上的具体深化。2000年，斯洛文尼亚议会再次出台了《废弃物处置法》（*The Rules on Disposal Management*），这一法律对垃圾填埋场的废弃物处置提出了一系列精确性指标，并要求在设定的截止日期前采取特定的措施对废弃物进行妥善解决，同时也明确禁止对“未处理”（non-treated）废弃物的随意处置。该法还特别关注了对废弃物生物降解处理的应用。

2004年以来，斯洛文尼亚政府又相继出台了《环境保护法》（*Environment Protection Act*）、《废弃物填埋法令》（*Decree on the Landfilling of Waste*）和《废弃物法令》（*Decree on Waste*），这些法规的内容聚焦于废弃物的处理环节，特别是对采用填埋方式对废弃物进行处理的做法进行了明确说明。此外，为顺利加入欧盟，包括卢布尔雅那在内的整个斯洛文尼亚从2002年起在废弃物处理的制度规定上注重与欧盟其他成员国的标准相对接，强调对欧盟废弃物管理制度的遵循。欧盟委员会于2000年颁布的2000/532/EC决定将废弃物分为有毒废弃物和无毒废弃物进行分类回收，斯洛文尼亚政府为与之相衔接，分别于2011年和2015年在国内颁布了相关律令解释，其中2015年的法令明确指出环境和空间规划部有责任将废弃物管理中的相关数据分析报告向欧盟委员会提交。

（二）实现“无废城市”的管理机制

就政府部门而言，隶属环境和空间规划部的环境署（Slovenian Environment Agency）是负责斯洛文尼亚全国范围内的环境治理和废弃物管理工作的直接行政部门，其具体任务包括废弃物管理的统筹规划、颁布施行与废弃物管理有关的行政法令。在卢布尔雅那市政府层面，环境保护处（Environmental Protection Department）会负责处理由废弃物带来的一系列水、土地及空气污染等问题，但并不会直接参与废弃物管理的具体业务运作和相关政令要求的制定、执行。

就废弃物管理商而言，公共市政公司Snaga是目前斯洛文尼亚最大的废弃物管理公司，负责包括卢布尔雅那在内的多个城市的废弃物回收及处理工作。在卢布尔雅那，公共市政公司Snaga拥有138 686个垃圾桶。[114]自2004年斯洛文尼亚加入欧盟以来，卢布尔雅那就开始按照欧盟的标准加大落实城市废物管理，其垃圾处理最大的特色就是全权委托公共市政公司Snaga来进行废弃物管理。公共市政公司Snaga通过设定清晰的目标和严格遵循已建立的各项管理措施处理家庭混合残余废弃物与来自小型商家的服务活动过程中的废弃物，年处理量约为15 000 t。[115]

就居民家庭和小型商业企业而言，它们是生活废弃物的主要产生者，在废弃物处理过程中需按照废弃物管理规定对废弃物进行分类投放，并且需缴付一定的处理费用。根据使用者付费的原则，卢布尔雅那的居民每月根据废弃物投放的次数与体积缴纳残余废弃物管理费，具体处理的废弃物包括废旧纸张、玻璃制品和包装袋等，每个家庭年均费用为100欧元（1欧元约合8元人民币），低于全国平均150欧元的水平。从家庭收取的费用将用于各类废弃物的无害化处理。根据估算，每处理 1 t 残余废弃物将花费64.8欧元，处理包装废弃物和废旧纸张的成本分别为200.3欧元/t和171.3欧元/t。

就废弃物处理商而言，成立于2015年的卢布尔雅那地区废弃物处理中心（Ljubljana’s Regional Waste Management Centre，RCERO）是目前斯洛文尼亚境内最大的环境保护工程，也是欧洲最为现代化的废弃物处理设施（图34）。图34中的黄色建筑物为可降解废弃物处理中心，绿色建筑物为城市混合废弃物处理场所。RCERO主要负责处理有机垃圾和其他不可回收垃圾，每年处理超过17万t废弃物，可用各种垃圾生产出3万t再生材料、超过6万t燃料、0.7万t腐殖土、3.5万t有机土和0.6万t木材。其发电厂的年发电量可达1.7万MW·h，产热量为3.6万

114 参见 https：//www.theguardian.com/cities/2019/may/23/zero-recycling-to-zero-waste-how-ljubljana-rethought-its-rubbish。

115 参见 https：//www.vokasnaga.si/。

MW·h，最终仅有低于5%的残余废弃物会以填埋方式处理。[116]处理完后的堆肥或燃料则作为城市替代能源使用，或用于公园、绿地等城市绿色空间的维护。

图34　卢布尔雅那地区废弃物处理中心

四、卢布尔雅那废弃物治理经验

（一）倡导循环利用，从源头减少废弃物总量

2004年，卢布尔雅那开始加大落实城市废弃物管理力度，鼓励企业和个人在生产和消费过程中注意循环利用，减少废弃物排放。为了鼓励市民减少垃圾产生量，提高对于再利用和负责任消费的意识，卢布尔雅那市政府会派出专人对未受损的旧物进行清洗、消毒和修补，以使相关物品能够被循环利用。日常生活中，饮料的包装瓶可以通过民众直接分类投放，再由工厂直接回收并制作成新的包装品。同时，卢布尔雅那市政府还在全市不同地区投资建设了一些纸品厂，生产完全可循环的纸制品，再将生活中产生的纸制品垃圾直接发放给这些工厂作为原

116　参见https：//www.vokasnaga.si/en/Regional%20Waste%20Management%20Centre。

料，形成纸品循环的闭环。此外，市区的废弃物回收站每周都会举办讲座，向市民普及如何修补破损物件的方法。卢布尔雅那市政府也以身作则，减少不必要的资源浪费，如其所属办公楼的卫生间用纸都是由回收而来的牛奶盒、果汁盒制造的，部分家具和办公用品也来自回收再利用的废旧物品。市中心和老城区的市政清洁车用水全部来自收集处理过的雨水，不提供手提袋的“无包装商店”也越来越多。减少废弃物产生还体现在对产品包装的精简。卢布尔雅那对各类产品的包装、运输和销售都采取适量原则，不过度包装，追求自然，尽可能减少产品包装对环境造成的负面影响。

社区层面将循环利用理念进行实践。公共市政公司Snaga于2013年创建了社区再利用中心（Reuse Center），以鼓励和方便居民可以在社区进行一些再利用物品的二次交换。社区的调查结果显示，近70%的居民曾参与了社区再利用中心的交换。同时，公共市政公司Snaga在卢布尔雅那市政府的支持下也积极扩展与其他社会利益相关者之间的合作，并通过发起“习惯重复使用”等活动来提升市民的节约观念。公共市政公司Snaga还十分关注食品浪费问题，为了让市民对自己购买和扔掉的食物数量更加负责，公司促使媒体、当地非政府组织和食品服务供应商都参与到这项行动中来。

（二）建立面对面的垃圾收集体系，减少垃圾收集的频率

2002年，卢布尔雅那开始以一种所谓“生态岛”（eco islands）的形式单独收集纸张、纸板、玻璃和其他包装材料，而剩余的混合垃圾（或残余废物）则采用挨家挨户收集的方式。2006年，公共市政公司Snaga进一步改变模式，开始在所有家庭门口收集生物可降解垃圾（如厨余垃圾、园林垃圾）。2012年之后，这一模式在公共市政公司Snaga的精心管理下很快在卢布尔雅那和所有周边郊区城市实施。

在成功推出挨家挨户收集垃圾的方式之后，公共市政公司Snaga再次提出降低收集混合垃圾的频率，不过对于可回收垃圾的收集频率仍保持不变。对于人口

密度较低的地区（主要以单户住宅为主），政府从最初的每2周收集1次改变为每3周收集1次；而对于人口密度较高的地区（主要以多户公寓楼为主），混合垃圾则每周收集1次，可回收垃圾每周可收集多次。这样一种垃圾收集的操作原则实际上在很大程度上引导了居民的垃圾处理习惯。更具体地讲，如果可回收垃圾的收集频率高于混合垃圾的收集频率，那么那些不希望垃圾闲置在自己家里的市民就会有动力进行分类。虽然这项决定在推行之初受到了不少市民的反对，但是公共市政公司Snaga仍在不断地进行积极宣传和沟通，要求市民做好垃圾分类，而后单独收集废弃物的数量不断增加，分类收集率也从2013年的55%增加到2018年的68%。

（三）注重新技术应用，提升废弃物治理效率

新技术应用在卢布尔雅那废弃物治理的各环节中扮演着重要角色。广泛分布于城中分门别类的垃圾箱并不能被任意打开，如果居民想丢弃垃圾，那么需要使用电子智能卡才可以开启，而且垃圾箱的运行由安装在垃圾箱上的太阳能电池板进行赋能。每个投放点放置5种垃圾桶，分别容纳纸、塑料、玻璃、有机垃圾、其他生活垃圾等。这些垃圾桶属于半地埋式垃圾箱，具体如图35所示。借助专用的智能卡，居民可以打开垃圾箱顶盖投放垃圾。箱底部的地下回收站系统则由专业公司定期打开。

在具体的废弃物处理环节，废弃物处理商积极引入可降解技术，采用提升废弃物堆肥效率、焚烧效率的技术及硬件，大力提升废弃物治理效率。在废弃物周转处理流程上，卢布尔雅那城区一部分垃圾箱与地下废弃物回收站直接连接，这些废弃物回收站有效利用了城市的地下公共空间，扮演着小型废弃物回收中转站的角色，进一步提高了废弃物的治理效率，如图36所示。由于废弃物在丢弃时已完成了分类，工作人员只需定期前往地下回收站进行回收，这就简化了废弃物的分类流程。目前，卢布尔雅那有67个这样的地下废弃物回收站，每个废弃物回收站的间隔仅有150 m。

图35　卢布尔雅那的5种分类垃圾箱

图36　卢布尔雅那地下废弃物回收站

（四）多渠道宣传教育，强化废弃物分类意识

垃圾的分类投放教育在斯洛文尼亚贯穿学校、家庭及公民活动的全过程，目的就是让不同年龄段的公民可以从多种渠道、多个层次了解垃圾分类管理的重要性和如何对垃圾进行分类。在卢布尔雅那，政府网站和分发到每户居民的宣传手册都有十分详细的废弃物分类回收的相关规定和知识，包括废弃物的分类回收的日历安排、处罚细则，废弃物处理的相关知识等。在卢布尔雅那的幼儿园都设有环保课程，其中包括家庭废弃物如何分类、投放及回收小窍门等，每个孩子在学校就开始接受环保知识教育，这些都为城市废弃物处理打下了良好的基础。

为进一步加强对废弃物分类回收的宣传教育，强化废弃物分类意识，卢布尔雅那也注重通过信息传播、培训等提升公众的意识。公共市政公司Snaga设计和开发了专门用于指导民众进行垃圾分类的应用软件和网页，通过清晰的指引和定位在极大程度上方便了民众将分门别类的废弃物投放在正确的位置。充分的信息公开和公众意识培养是废弃物管理最基础但又是最重要的部分。

五、小结

为顺利加入欧盟，斯洛文尼亚政府在废弃物的分类回收、处理等标准上注重对接欧盟标准，并以法律的形式予以明确要求，科学、严格有效的废弃物分类也显著提高了该国废弃物的回收率。卢布尔雅那作为斯洛文尼亚的首都，在政治与经济资源的支持下，在废弃物管理上更是探索出独特的道路，通过公共市政公司Snaga对废弃物管理的全面统筹，在废弃物源头强调循环利用，减少废弃物产生；建立大型现代化废弃物处理中心RCERO对废弃物进行无害化、绿色化处理，大幅降低废弃物填埋量；在废弃物处理的各环节注重新技术、新设备的引入，有效提升了废弃物的处理效率；构建学校、家庭与社区等多层次宣传教育平台，倡

导废弃物分类意识。在不到20年的时间里，卢布尔雅那废弃物治理工作实现了从零回收到零废弃的重大转变，不仅节约了资源消耗，也在保护生态环境上奠定了坚实的基础，为其他致力于建设“无废城市”的城市提供了重要的经验参考。

案例六 意大利零废弃的发展及其代表性城市的治理经验

一、欧盟废弃物管理的相关政策框架和要求

长期以来，欧盟一直在保护生态环境、加强废弃物处理、强化资源利用等方面扮演着重要的角色，并为欧盟各成员国制定了有关固体废物综合管理的整体性政策框架和指导原则，这也使各成员国在废弃物管理方面需要在综合考虑欧盟废弃物循环利用标准的基础上，再因地制宜制定符合自己国家特点的废弃物管理规划和法令。因此，我们有必要对欧盟在废弃物管理方面的主要政策框架历程予以简要介绍。

为了寻求促进废弃物更为有效的管理和处置的综合性方案，2006年4月5日欧盟出台了关于废弃物管理的框架指令（Directive 2006/12/EC）。[117]该指令将“预防和回收利用”作为垃圾处置的首选方式和长远发展战略，以此实现垃圾的减量

117 Directive 2006/12/EC of the European Parliament and of the Council of 5 April 2006 on waste（Text with EEA relevance）［EB/OL］.（2006-04-05）［2023-09-08］. https：//eur-lex.europa.eu/legal-content/EN/TXT/？ uri=CELEX%3A32006L0012.

化目标和最大限度的回收利用。一方面，该指令在废弃物管理中引入生命周期思维，明确了欧盟废弃物管理的政策优先级，建立了“废物管理优先次序制度”，将废弃物管理划分为预防、重复使用、循环再生、其他形式的回收利用和填埋处置5种类型。[118]那么，这5种类型同样意味着从前到后不同的政策优先级选项，其中预防管理是废物管理中最应优先考虑的选择，而像垃圾填埋等废物处理方式应当尽可能减少或者避免选择。另一方面，该指令包含了一系列具体的废弃物管理政策工具，包括直接管制、经济手段、社会措施，在操作过程中涉及监测、评估等，这为各国加强废弃物的预防和循环利用提供了重要的行动方向。

近些年，欧盟在“零废弃战略”和固体废物综合管理方面进一步开展了积极的尝试与探索。2015年，欧盟委员会先后发布了“迈向循环经济：欧洲零废弃计划”“循环经济一揽子计划”等，并在布鲁塞尔专门组织召开了以“促进商业、减少废物”为主题的循环经济会议，以此来联合各利益相关者共同致力于推动欧洲经济的可持续发展。[119]总体而言，欧洲零废弃计划包括四项废物管理立法修正建议、一个完整的行动计划及后续行动清单，并对欧盟发展循环经济提出了战略构想和实施步骤。在欧盟看来，新的循环经济计划旨在将生产、消费、垃圾产生与回收再利用各个环节联系起来，构成一个封闭的经济循环圈，从而构建高效利用资源、产生的废物最少的经济模式。因此，欧洲零废弃计划绝不仅仅是以废弃物管理为核心的环境政策，而是成为欧盟提升竞争力和经济全面发展的新战

118 European Commission. Being Wise with Waste: the EU’s Approach to Waste Management[EB/OL].(2010-12-09)[2023-09-08]. https://www.waste.ccacoalition.org/document/being-wise-waste-eus-Approach-waste-management.

119 European Commission-Press Release. Closing the loop: Commission adopts ambitious new circular economy package to boost competitiveness, create jobs and generate sustainable growth[EB/OL].(2015-12-02)[2023-09-08]. https://ec.europa.eu/commission/presscorner/detail/en/IP_15_6203.

略。[120]在具体的政策框架和核心内容中，循环经济计划主要围绕4个环节展开，具体包括：在生产环节，设计和生产易于回收再利用的产品；在消费环节，帮助消费者选择可持续的产品和服务；在废物管理环节，明确废物管理的目标和手段；在资源再生环节，加强回收有机废物的研究、使用和质量。[121]如今，欧盟也致力于推动各成员国能够在新的政策框架下进一步展开合作、形成合力，共同推动欧盟循环经济的新发展。

二、意大利垃圾分类的发展现状

意大利是欧洲垃圾分类的领先国家。根据欧盟统计局的最新数据，截至2016年，意大利的废弃物循环再生率为68%，高于欧盟国家平均水平（56%）。[122]在27个成员国中，意大利的垃圾循环再生率仅次于斯洛文尼亚（80%）、比利时（78%）、荷兰（72%），与立陶宛并列第四。

为了理解意大利垃圾分类管理的体制和成功因素，有必要对意大利全国不同层级政府的决策制定和管理权责进行介绍。首先，该国规定了废弃物框架、相关责任和战略目标。2006年修订的《环境法》规定了垃圾分类收集（separate collection）的比例应达到65%的国家目标。其次，各大区或者大区以下的省被授权根据中央政府的框架制订本地区的规划，如区域废弃物减量目标或回收目标，定义废弃物的地方治理体系。值得注意的是，米兰所在的伦巴第大区（Lombardy

120 张越，唐旭．欧盟循环经济新战略及其对中国的启示［J］．教学与研究，2017（10）：79-88.

121 European Commission. Closing the loop – An EU action plan for the Circular Economy COM/2015/0614 final［EB/OL］.（2015-06-14）［2023-09-08］. https：//eur-lex.europa.eu/legal-content/EN/TXT/？ uri=CELEX：52015DC0614.

122 European commission. Recycling rate of waste excluding major mineral wastes［EB/OL］.（2022-07-07）［2023-09-08］. https：//ec.europa.eu/eurostat/web/products-datasets/-/sdg_12_60.

region）提出了比国家目标更高的计划，包括70%的循环再生率和厨余等有机废弃物的强制分类。最后，市政当局有权自行或通过公共/私营机构组建和运行垃圾分类收集管理体系。在一些大区，大区内的市政当局被要求采用同一个分类收集管理方案。但是，米兰的情况有所不同，地方市政当局在垃圾分类管理方面具有自主权，可以根据自身情况独立制定相关政策。

三、意大利代表性城市垃圾分类治理经验

（一）米兰零废弃经验[123]

近年来，米兰在垃圾分类方面取得了很大的进步。2020年第一季度，米兰的垃圾分类收集率达到约63%。虽然与其他意大利或欧洲城市相比并不算高，但对于人口密度大的大城市来说已经是不容忽视的成就。米兰是意大利第二大城市，属于意大利北部的伦巴第大区。米兰市常住人口为135万，人口密度约为8 000人/km^2，每天有80万人通勤往返于米兰及周边卫星市镇，每年还接待了超过1 000万名游客（无论是商务还是娱乐），这些都给米兰的垃圾分类工作带来了挑战。

1. 废弃物管理组织架构

如前所述，市政当局有权确定自己的废弃物收集模式，以满足国家、大区政府所制定的法律、法规或者计划。米兰的垃圾分类制度体系主要由两个条例来定义，分别是市政条例（municipal ordinance）和市长政令（mayoral ordinance）。米兰于2002年通过了市政条例，其中的相关条款定义了各利益相关方（家庭、企业、收集者）的权利、职责，废弃物分类的种类，垃圾桶、垃圾袋放置的地点，执法和罚款等内容。该条例实际上是一份框架性文件，旨在确定垃圾分类治理的总体原则，短期内不会改变。其他具体细节，如垃圾桶的类型、收集的频率和时

123 米兰案例参考环保组织欧洲零废弃联盟的内部报告。

间表，由市长政令来规定。为了适应不断变化的环境和新的运营模式，市长政令可以经常修改，最近一次修订是2019年7月17日，对最新变化进行了规定，如减少了不可回收垃圾的收集频率等。

米兰市政府内部设置了一个负责“公共卫生”（包括废物收集和管理）的环境部门和一名分管的副市长。米兰废弃物分类收集管理的一大特色是采用公私合作的方式。米兰市政府是股份公司A2A的股东（持有“黄金股”[124]），该公司在证券交易所交易。A2A公司是由伦巴第大区内几个城市（米兰、布雷西亚和其他几个城市）的公共废弃物管理公司组成的集团公司，是伦巴第大区内垃圾分类体系中重要的组成部分。米兰市政府将废物管理授权给AMSA公司（该公司为A2A的成员公司），与AMSA签订“服务合同”，由该公司负责分类垃圾的收集和管理。

2. 废弃物管理实践经验和收集系统

早在1993年，伦巴第大区就实施了垃圾分类路边收集计划。目前，整个大米兰地区（一个居住有800万人的覆盖多个省份的地区）都实行了包括厨余垃圾在内的垃圾分类。在米兰，对于垃圾分类的收集主要采用上门回收的服务方式，即由废弃物管理公司直接到公寓或者独栋住宅门口收集垃圾。居民需要按要求对垃圾进行分类并放入不同颜色的垃圾袋里，在规定的时间将特定种类的垃圾放在家门口或特定的收集点，等待废弃物管理公司的人员来统一收集。根据住宅类型的不同，用来收集垃圾的容器也不同，通常在独栋住宅用彩色垃圾袋分类收集，而在公寓大楼则在楼栋门口指定区域放置垃圾桶收集。米兰的路边收集系统覆盖5个特定品类的垃圾（意大利全国基本都采用同样的五分类法），分别是纸张、塑料和金属、玻璃、食物和厨余、不可回收垃圾。图37展示了米兰

124 “黄金股”亦称“特权优先股”或“特权偿还股”，可以行使比其他股份优越的权利，原则上由政府持有。

垃圾桶的一般设置方式，从左至右分别是不可回收垃圾桶（透明）、塑料和金属桶（黄色）、玻璃垃圾桶（绿色）、食物与厨余垃圾桶（棕色）、废纸垃圾桶（白色）。

图37　米兰分类垃圾桶

除此之外，对于其他特别种类的垃圾，如建筑垃圾、园林垃圾等，会被运送到分布于城市中的各个市政回收中心处理。

米兰与伦巴第大区内的其他城市类似，对不可回收垃圾采用透明垃圾袋。事实证明，这是提高回收率很好的一种方法，因为这可以让居民更容易受到心理学上所谓的“同伴压力”（peer pressure）的影响，通常是邻居之间互相监督的压力使居民在垃圾分类时更加谨慎。2012年，在用透明袋代替原来的黑色袋装不可回收垃圾后，垃圾分类率提高了3%～5%。食物、厨余垃圾与园林垃圾分开收集，意大利北部通常为每周2次，而意大利南部通常为每周3次或4次。此外，对于每天的食物、厨余垃圾产生量大的大型超商、餐厅等商业机构，食物、厨余垃圾收集的频率为每天1次。

与大多数意大利城市一样，米兰目前对废弃物产生的主体征收“垃圾税”（waste tax），这一税收与房产税相挂钩。家庭和企业需要支付的税款是按房屋面积乘特定参数计算得到的，不同物业的类别对应不同的参数。为了鼓励垃圾减量和分类，市政当局会对采取特定减量措施的家庭、商家进行一定比例的减税。

除此之外，EPR制度也是米兰及意大利废弃物管理体系中不可或缺的环节。EPR体系是由国家包装生产商联盟（National Consortium of Packaging Producers，CONAI）下的包装回收组织（Packaging Recovery Organizations，PROs）统一管理的。该组织代表废弃物收集公司为所收集的垃圾向市政当局支付相应的费用。它确保了各地回收体系与EPR体系之间的衔接，使EPR体系在全国范围内的顺利运转。

（二）卡潘诺里零废弃经验

卡潘诺里（Capannori）是意大利托斯卡纳区卢卡省的一个乡村小镇，位于意大利中北部利古里亚海附近，总面积为22.67 km^2，居民大约有46 000人，拥有悠久的历史。2007年，卡潘诺里签署了欧盟零废弃战略协议（the Zero Waste Strategy），成为首个签署此协议的小镇。作为欧洲城市固体废物循环再生率最高的小镇之一，其零废弃项目的实施依靠强有力的政策推行和广泛的社区参与，取得了开创性结果。小镇曾力抗一座焚烧厂的建设，引发了一场意大利范围内的零废弃基层草根运动。[125]原因在于，相对于循环再生而言，垃圾焚烧反倒加大了资源可持续利用的挑战，同时从焚烧废物中所捕获的能量相比于循环再生是相当有限的。就在卡潘诺里签署欧盟零废弃战略协议的10年间，当地废物产生量减少了40%，82%的废物实现了分类收集。这在整个意大利都是破纪录的成就，比《环

125 北极星固废网．邻避效应逼出“零废弃”小镇 引领新型城市管理理念［EB/OL］.（2020-03-16）［2023-09-08］.http：//huanbao.bjx.com.cn/news/20200316/1054655.shtml.

境法》规定的65%的垃圾分类收集率的国家目标高出17个百分点。其成功的经验如下[126]：

第一，采用挨家挨户的垃圾回收策略。为了寻找替代垃圾焚烧的处理方案，卡潘诺里将源头分类作为重要的解决方式，创造了挨家挨户上门回收垃圾的定点试验计划。2005—2012年，挨家挨户上门回收垃圾在各个地方逐步推广，先是从小村镇开始分类收集生活垃圾，有问题及早发现并纠正错误。2010年，其范围扩大到整个地区。截至2013年，82%的城市生活垃圾被分拣出来成为再生资源，只剩下18%的垃圾被送到填埋场。

第二，信息公开与公众参与并行。卡潘诺里“零废弃”项目能够成功的关键在于及时主动地向当地居民咨询意见。以“门对门收集废物计划”为例，每当计划在新的地方推行之时，当地都会提前举行公开的会议来收集意见和想法，相关信息也会被打印出来分发到居民手中。此外，一些社会组织和志愿者也会免费向每个家庭分发垃圾袋和宣传资料，帮助居民解答疑惑，这在很大程度上保证了项目的顺利落地与实施。

第三，确立了产生者付费原则，形成计量收费制度。卡潘诺里非常重视源头控制，为了减少公众的垃圾产出，形成了节约意识。2012年，居民开始遵守“产生者付费”的废物计量收费制度，工作人员在上门回收垃圾时会通过其电子化工具扫描垃圾袋上的标签来记录每家每户扔垃圾的频率，最终会根据垃圾产量来征收废品税。这种新的收费制度通过强有力的预防性措施既很好地鼓励了居民垃圾减量的习惯养成，又使当地的资源分类回收率大幅提升。

第四，建立废物再利用中心，提高废品的循环使用。卡潘诺里不只重视垃圾预防，同时也重视通过循环再生或者再利用的方式来解决垃圾问题。2011年，小

126 Zero Waste Europe. The Story of Capannori [EB/OL]. (2013-06-19) [2023-09-08]. https://zerowasteeurope.eu/library/the-story-of-capannori/.

镇创建了自己的再利用中心，人们可以把不用但仍可以使用的物品（如衣服、玩具、电器、家具等）送到再利用中心进行修理或出售。通过建立这种永久性二手物品交换市场，很好地降低了废物处置的经济和环境成本。与此同时，该中心还提供了有关废物升级改造的培训技能，如家居装饰、木工、缝纫等，尽可能地使垃圾变废为宝，这不仅有效减少了垃圾填埋的处理量，而且向公众进一步传播了关于再利用的价值观和实践方法。

第五，缩短了当地一些产品的供应链，减少了零售过程中的垃圾产量。在卡潘诺里的一些农场采用了“短链”（short chain）食物分售模式。例如，在当地奶农的自发组织下，小镇兴建了自助式牛奶加注站，当地农民可直接向牛奶加注站供货，提供给消费者使用，省去了送往包装厂或零售商的过程。而居民也可自带容器来购买牛奶，减少了包装盒的使用，同时居民可以以更低的价格买到牛奶。据统计，这样的运营方式取得了巨大的成功，每天有200 L牛奶被卖出，其中的91%由居民使用自己的容器来装，从而减少了90 000个瓶子的垃圾量。[127]

第六，建立了欧洲首个零废弃研究中心，持续推进垃圾减量研究。该中心成立于2010年，专门识别居民日常生活中产生的其他垃圾，讨论如何进行产品设计及如何找到可循环利用或生物可降解的替代品。该中心也会通过与制造商、政府、公众的多方合作来共同推进垃圾减量和循环利用，如咖啡胶囊壳、一次性奶嘴等都是日常生活中较为常见的其他垃圾，该中心为了探索可循环利用的替代品，多次与制造商进行合作，鼓励制造商积极承担责任，进行产品的开发创新，提升产品的循环利用价值。

---

127 参见https：//zerowasteeurope.eu/2013/09/the-story-of-capannori-a-zero-waste-champion/。

（三）帕尔马零废弃经验

帕尔马（Parma）是意大利北部的城市，地处艾米利亚-罗马涅大区（Emilia Romagna），面积为260 km^2，人口约19万（2014年）。2012年，帕尔马的垃圾分类收集率为48.5%，而到2017年垃圾分类收集率达到81%。[128]这一进步离不开帕尔马市自2012年开始实施的分类垃圾路边收集和从量制等制度。

与意大利其他大区一样，帕尔马所属的艾米利亚–罗马涅大区每5年更新一次的废弃物分类行动计划，为各城市制定绩效目标，对废弃物处理厂的需求进行统筹规划，协调城市的垃圾分类管理工作。地方政府是推进垃圾分类最重要的角色之一，制定垃圾分类的路线图和运作模式。在帕尔马，废弃物管理公司Iren是垃圾分类体系中的重要主体，它按照地方政府制订的计划为市民开展服务。它不仅负责废弃物收集，而且负责街道的清洁工作。另外，非政府组织在环境教育、提升公民的参与意识方面也发挥着重要作用。

目前，帕尔马的路边收集垃圾分类体系一共有4种不同的垃圾，分别是不可回收垃圾（每周收集1次，市中心每周收集2次），食物和厨余垃圾（每周收集2次，市中心每周收集3次），塑料、金属和利乐包装（每周收集1次），废纸和硬纸板（每周收集1次），收集时间在晚上9时之后。食物和厨余垃圾在收集后会被送往距离帕尔马50 km的垃圾处理厂，在那里食物垃圾与花园垃圾混合以产生堆肥，并通过厌氧发酵产生沼气。此外，帕尔马还在市区建了13个小型生态站（图38），如果因为通勤、休假等原因错过了垃圾收集时间，或者在非垃圾收集时间段产生了过量的垃圾，市民可以选择将垃圾投入小型生态站。

市民还可以通过应用程序App、网站或电话预订等方式，享受废弃物管理公司提供的免费上门收取大件垃圾（如废旧家电、家具等）的服务。同时，帕尔马

128　与帕尔马原副市长 Gabriele Folli（2012—2017 年在任）的访谈，2020 年 12 月 8 日。

图38 小型生态站

还在超市、加油站、药店、学校等地方设置了收集点，专门收集废旧电池、过期药品、纺织品、小尺寸电子产品、硒鼓等垃圾。

帕尔马的垃圾分类之所以能在几年内取得巨大进步，离不开2012年以来环境教育、意识提升运动的广泛开展（图39）。每个区（district）在新政策推行开始时，均由政府联合非政府组织举行公开的会议，与移民和宗教团体、店主、童子军、物业管理公司、学校相关人员会面交流，挨家挨户普及垃圾回收政策的相关知识和信息。此外，还会利用报纸、电视、社交媒体、互联网、智能手机应用程序App等渠道宣传垃圾分类。每年用于环境教育的支出占总垃圾分类服务预算的1.5%～2%。帕尔马负责环境和交通的前副市长Gabriele Folli（2012—2017年）认为，引进新的废物管理系统取得成功的关键因素是市民的合作，这也是该市在沟通和提高认识方面投入大量资金的原因。[129]

129　与帕尔马原副市长 Gabriele Folli（2012—2017 年在任）的访谈，2020 年 12 月 8 日。

图39　环境教育活动

四、小结

经过多年的发展，意大利已经成功构建起涵盖政府、市场、社会组织、社会公众多元主体的垃圾分类治理体系。首先，政府负责废弃物管理的制度设计和监督执法。其次，市场主体是意大利垃圾分类治理体系中至关重要的一部分。意大利各地通常采用PPP模式，主要由企业来提供挨家挨户收集、运输、处理垃圾的服务。最后，社会公众和组织的积极参与是垃圾分类取得成效的关键要素。通过深入分析米兰、卡潘诺里、帕尔马这3个具有代表性的城市的垃圾分类实践经验，我们可以发现它们的垃圾分类之所以取得成功，与产生者付费、EPR、财税激励、去匿名化等一系列制度的良性运转密切相关。此外，全方位覆盖学校、社区、商家的环境教育体系也推动了参与垃圾分类这一社会共识的形成，并进一步夯实了保障垃圾分类的社会基础。

案例七
创造零废弃文化：旧金山的经验

一、引言

旧金山是美国旧金山湾区城市群的核心城市，常住人口为88.33万，面积为121 km^2，居住密度为26 633人/km^2，人均每天产生1.7 kg的生活垃圾。旧金山的人口结构多元，每两个人中就有一位在家中不讲英语。大约一半的居民居住在联排房屋的环境里，约1/3的人有自己的住宅。

美国加利福尼亚州旧金山湾区城市群的垃圾分类治理最早要追溯到20世纪60年代初期，即美国环境运动兴起的时期。之后的几十年里，旧金山的垃圾管理不断完善，在2000年前后当地的垃圾分类管理和禁塑等工作逐渐上升到强制性法规层面。此后，旧金山通过源头控制垃圾的产生、旧物循环再使用、分类再生和堆肥项目实现了80%的垃圾分流率（相对于基准年垃圾填埋或焚烧减量比例）目标。这个比例在全美是最高的。旧金山之所以能取得这样的成绩，有三大方面的原因：一是制定并实施了强有力的垃圾减量法规；二是政府和有共同价值观的垃圾管理企业合作，合力推进垃圾分类减量化处理；三是通过建立垃圾分类激励机制和开展大量的教育宣传活动，创造了垃圾回收和堆肥处理的文化。

旧金山的公共工作和公共健康部门主要负责垃圾管理工作，由环境部门负责制定和实现零废弃目标，并与从事垃圾回收的公司Recology密切合作，实现垃圾收集、回收，并处理所有商业、居民区产生的垃圾。Recology最早由工会组织管辖，现在是一家专门从事垃圾业务的私营企业。旧金山环境部门有专门的零废弃团队，其任务是落实地方和州政府的垃圾减量政策，并聚焦于宣传及在不同区域实施强制回收计划。

二、旧金山垃圾分类制度建设

旧金山的零废弃道路始于1989年加利福尼亚州州政府发布的《废弃物综合管理法》。这项法律要求所有州内县市到1995年和2000年分别实现25%和50%的垃圾减量目标。之后，旧金山不仅实现了州政府规定的垃圾减量目标，还超额完成了既定的目标任务。

2002年，旧金山提出到2020年实现零废弃的目标，其内涵是到2020年不再有需要填埋或者焚烧的垃圾。从2002年开始，相关法律推动了城市居民、商业部门等合力提高城市的垃圾回收率。这些法律包括2006年开始执行的《建筑和拆除垃圾回收再利用条例》、2007年发布的《餐饮行业垃圾减量条例》。《餐饮行业垃圾减量条例》要求，餐馆的外卖必须使用可堆肥或可回收利用的包装。2009年，在居民和商业部门适应了好氧堆肥后，旧金山通过了具有时代意义的法律，对居民和商业部门强制执行可回收和可堆肥垃圾的分类。2012年10月开始旧金山又通过了一项条例，要求所有零售商店使用可堆肥、可回收再利用或者可重复使用的袋子。

除了垃圾分类，在垃圾减量方面，旧金山对源头减塑和禁塑进行了相关立法。2013年市政府发布规定，明确要求所有新建建筑内只要有水供应的地方都要安装饮用水装置。这项规定可以大大减少一次性瓶装水的消耗。2014年和2016年旧金山分别发布了关于《瓶装水管理》和《瓶装和无包装饮水管理条例》的法规，规定在市政所属的区域严格限制销售和分发使用 1 L 以内的封口、箱装、袋装、玻璃瓶装、易拉罐装和塑料瓶装的包装饮用水，严格禁止使用政府资金购买一次性瓶装或者其他一次性包装的饮用水。

2016年，旧金山发布《餐饮服务业食物垃圾和减少包装条例》。该条例实际是2007年《服务业食物垃圾减量条例》的延伸，它明确规定禁止餐饮行业打包容器材料含有部分不可堆肥和不可回收再利用的材料，完全禁止发泡塑料用于食物包装；同时，规定禁止发泡塑料用于销售领域包装产品，包括包装花生、玩具、船的零部件等领域。

2018年是旧金山垃圾减量法规频出的一年。市政府出台了《减少一次性餐饮塑料包装》的法规，要求餐饮业在堂食时禁止使用一次性塑料吸管、塑料饮料包装、塑料牙签和塑料搅拌物。餐饮行业不得主动提供一次性饮料瓶塞、一次性筷子、一次性打包容器、餐巾纸和纸做的吸管等配套餐具。同年，旧金山还修改了2009年发布的《分类核查条例》，要求每周垃圾产生量大于40立方码（约30.6 m^3）的产生者，或者自己有垃圾压缩设施的产生者，垃圾分类检查要满足以下条件：可堆肥垃圾里的杂物不得超过5%，可回收垃圾里的杂物不得超过10%，其他垃圾的混合不得超过25%，生活垃圾里不准投放电子垃圾或者有毒有害垃圾。垃圾分类考核中，如果不能满足上述条件，垃圾产生者需要向旧金山环境部门提交整改计划，然后专门雇佣一名零废弃管理者协助他们解决问题。

2018年，在C40城市宣言中，旧金山与另外27个城市做了两项承诺：一是以2015年为基准线，承诺到2030年垃圾产生量减少15%；二是以2015年为基准线，到2030年运往垃圾填埋场或者焚烧厂的垃圾处理量减少50%。

2019年，旧金山对2007年所发布的《塑料袋减量条例》进行了增补，内容包括将手提袋使用费从10美分增长到25美分，同时要求零售商提供给消费者的散装食品袋子必须由可堆肥或可再生利用的材料制成。

所有这些法律的制定和执行都是在恰当的时候发布和实施的，基于相关基础设施已经到位、居民和商业部门这些参与者都可以得到相关支持、有相关工具和跟进的教育。立法赋予旧金山环境部门权力，确保其在执行这些项目时有法规可以落实到每个家庭和商业部门。

此外，零废弃目标之所以可以持续执行，得益于旧金山有较好的群众基础，市民诉求影响了政府部门对环境政策重视的可持续性。在环境保护方面，旧金山市政府一直积极鼓励和赋权公民参与，培养公民领袖。例如，环境委员会是一个由7人组成的团体，包括环境律师和生态教育者，负责向市政府监事会提供相关意见，将收集到的最前沿的环境问题研究成果、最有价值的解决方案和法规条例提案交由市长和监事会进行表决，随后市政府监事会会收集民众反馈的环境议题意见，最后由市政府定期举行会议，审议、制定和批准环境法规。

三、旧金山的治理经验

（一）高成本的混合垃圾处置“倒逼”零废弃目标的实现

填埋处置的高成本是激励旧金山出台各项法规以实现垃圾减量、更好地进行垃圾管理的动力。由于旧金山没有建立垃圾终端处理设施，市内产生的所有垃圾收集后要运输到82 km以外位于Livermore的阿拉梅达垃圾填埋场处理。1987年，旧金山和阿拉梅达签订了一项垃圾处理协议。这项协议规定旧金山可以使用1 500万t的垃圾填埋空间，或者使用65年，两者谁先达到就执行哪一项。2012年，依据当时旧金山推行垃圾分类后每天还会产生1 800 t需填埋的垃圾量计算，预计到2015年或者最迟到2016年合约就会到期。根据预计，当时旧金山和Recology签署了下一个垃圾处置协议，垃圾收集后使用尤巴县（Yuba County）垃圾填埋场，使用期限是10年或者填埋处理量为500万t。到2018年，旧金山实现垃圾减量90%，剩下10%不能回收再利用的垃圾目前送入尤巴县填埋场。因此，持续的垃圾减量和追求零废弃的目标将会持续真正降低垃圾填埋的成本。

（二）政府公共部门发挥主导作用

旧金山针对市政府部门制定了零废弃目标。由于政府部门产生的垃圾量约占整个城市垃圾产生量的15%，因而政府需率先实践零废弃，引导民众，树立榜样。同时，零废弃部门中有专门人员负责管理政府的垃圾减量工作。为了减少垃圾，他们创建了在线闲置物品的流通再使用平台，帮助各个部门彼此交换，同时负责管理政府办公用品的绿色采购等事宜。

与此同时，市政府对垃圾分类工作进行了定期检查。为了保障垃圾源头分类的效果，旧金山逐渐制定了相应的制度。首先，所有垃圾产生者必须坚持源头分类。垃圾分类管理部门会执行每60天一次的分类准确情况检查。在垃圾源头管理中，如果发现存在混合投放的现象，相关人员将被处以一定金额的罚款。其次，商业部门、楼房住宅用户及租户都需要与物业管理者签订垃圾分类协议。如果垃圾分类没有实现，物业管理者将承担相应的责任。

在垃圾资源化利用方面，旧金山为了促进可堆肥和可回收物从垃圾中的分离，不仅实行按量收费，还实行严格的可堆肥垃圾和可回收物立法。按这些法律，可堆肥垃圾不能进入混合垃圾末端处置设施。具体来说，在垃圾分类检查中，可堆肥垃圾中的杂质量不能超过5%，可回收物的杂质量不能超过10%，送往填埋场的垃圾不能有超过25%的杂质。

（三）政府、企业与居民多元合作创新减量项目

首先，居民和商业部门最早开始实行垃圾强制减量和分类。旧金山市政府和垃圾收运企业Recology开始执行强有力的回收和分类收运价格机制，以实现垃圾减量的目标。旧金山市政府和Recology的合作关系可以追溯到20世纪初期，当时旧金山的垃圾收集并不属于政府有组织的行为，而是一项主要依靠民间力量的环保活动。1906年大地震之后，为了更好地做好垃圾收集工作，这些民间垃圾收集者成立了松散的联合会。发展到20世纪20年代，拾荒者保护协会和落日拾荒公

司开始初具规模。同时，旧金山市政府开始规范管理垃圾相关行业，并在1931年授予这两家企业垃圾收运运营证书。拾荒者保护协会和落日拾荒公司都发展出了各具特色又相互补充的专业业务。一家企业做旧金山市区人口密度大的地区的垃圾收集工作，另外一家重点做居民区的工作。这两家企业最终合并成一家企业Recology，并成为旧金山唯一指定的垃圾收运企业。

随着时间的推移，旧金山市政府和Recology发展为共生的关系。旧金山市政府负责监管、制定政策、倡导和教育、研究最佳技术和可行方案，Recology负责创建、测试和运行基础设施，涵盖了可堆肥垃圾、可回收物和其他垃圾的分类收运与分类处理。依据1932年的条例，尽管Recology享有旧金山唯一的垃圾收运企业授权，但没有签订合约，旧金山市政府仍旧对Recology的业务通过每5年一次的系列考核来监管。市政府每周也会与Recology开碰面会，讨论一些重大问题和下一步计划。

其次，政府和企业合作实行三分类垃圾回收项目。三分类垃圾回收项目始于1999年，这个项目使用黑色、蓝色和绿色三种垃圾桶，分别代表其他垃圾、可回收物和可堆肥垃圾。2003年，三分类垃圾回收项目开始在商业和居民区充分实施，垃圾产生者需要源头分类，然后由后部带有两个分隔箱体的卡车开始分类收集其他垃圾和可回收物垃圾桶里的垃圾，更小的只有一个箱体的卡车收集可堆肥垃圾。三分类垃圾回收项目是全美实施易腐垃圾回收和堆肥的首批项目之一。对于居民区而言，Recology采取的是每周分类回收一次；对于商业部门而言，可以根据垃圾产生量设定不同的分类回收频率。对商业部门的垃圾分类收费机制也是基于回收频率。

垃圾减量和回收率是激励Recology及其垃圾收运客户将可回收和可堆肥垃圾进行分类的基础。Recology回收范围内的所有客户需要向其缴纳最低额度的收集费用，外加一笔依据自己垃圾产生量的收集费用。对于居民来说，Recology对于分类好的可回收物和可堆肥垃圾，不收取额外产生量的费用；对于商业部门分类好的可回收物和可堆肥垃圾，Recology收取的收集服务费用是其他垃圾费用的75%，以此鼓励商业部门实施垃圾分类，减少不分类的高额收集服务费。

基于这个策略，Recology可以通过两个层面获利。一方面，从可回收收集和堆肥服务中获得财政补贴，还有销售可回收物和堆肥产品的经营性收益；另一方面，因分类而减少垃圾填埋量可获得奖励，最高可达200万美元。为了实现减量目标，增加分类后可回收物和堆肥垃圾的利用价值，Recology在基础设施建设上做了大量投入，包括建设可回收物精细分类设施及多个区域性堆肥场。更引人注目的是，Recology开拓出了有效的堆肥产品市场出路，让堆肥产品最终通过售卖的方式进入当地农场和园林绿化行业。此举有效提升了堆肥成本的回收，并形成了闭环系统。

值得借鉴的是，旧金山还保有繁盛的民间回收渠道。因其所在的加利福尼亚州有州级的饮料瓶押金制度，即厂商售卖的玻璃瓶和塑料瓶中含有5美分或者10美分的押金，旧金山全市有20个瓶子回收中心，居民或者专门的回收者可以将这些瓶子送到这些中心换取押金返还。旧金山还有一小群人依靠收集纸板、金属和电子废物为生。因为州政府相关机构对这类可回收物有环境友好政策的采购要求，因此其市场卖价比较高。此外，州政府还有法律要求回收再利用的材料需要进入国内或者国际市场，这也有利于回收市场的活跃。

最后，发挥与可靠企业合作的社会效应。对于旧金山来说，和Recology保持良好的垃圾分类和减量合作关系还有另外一种好处，即实现共同价值诉求，如选择雇佣当地人，给予工人更好的待遇。Recology和旧金山港口在租用96号码头这块地的协议中就包括要雇佣当地人的条款。该协议要求，Recology在招聘入门级工作岗位时需要与旧金山市劳工发展系统合作，以便这些工作岗位可以优先给这个城市里经济情况和收入不太好的群体。

这些工作岗位的待遇不错，起薪是每小时接近30美元，而旧金山最低工资要求是每小时15.59美元。从保障员工福利这方面来讲，Recology为员工提供了较好的待遇，也符合市政府关于工人健康保障方面的要求。另外，让Recology非常自豪的是，它是一个员工所有制经营制度的企业。1986年，Recology完成了员工所有制改制，开始实施员工持股计划。公司目前有2 500名员工，他们共同持有公司80%的股份。Recology的司机和从事回收操作的员工成立并加入了工会，他们的工会组织也是卡车司机联合工会（Teamster Union）的协会成员。卡车司机联合工会是全美最大的工会组织，其中功能之一就是维护工人的权益。垃圾分类从业者的良好待遇和有效的社会保障都成为旧金山做好垃圾分类收集、转运和分类处理的重要保障。

（四）零废弃教育团队推动垃圾分类

旧金山环境部门有一支环境保护宣传小组，成员有20人。这个小组的大多数人员来自“环境即刻行动”（Environment Now）（一个由旧金山环境部门运行的专门从事培训绿色职位的机构）的培训项目。来参加这个培训项目的人员都是旧金山的居民，甚至包括那些受关注不够的少数族裔社区。学员经过培训后就可以开展宣传教育活动。在活动过程中，环境保护宣传小组代表的是旧金山环境部门。该宣教项目涵盖的范围很广，包括节能减排、再生能源、减少有害物质、清洁空气和城市绿化等。由于经过培训的人员基本来自本地社区，他们的工作能够触及传统宣传中活动无法覆盖的区域和受众，从而提升了社区居民对环境倡议的参与度。就零废弃项目而言，宣传项目是持续滚动进行的，即一旦回收和堆肥设施到位后宣传倡导就跟进展开，这样可以帮助社区居民形成回收和堆肥习惯。

旧金山环境部门宣教工作的成功也得益于持续的资金支持。值得注意的是，这些资金并不是来自市政府，而是主要来源于垃圾产生者缴纳的垃圾收集服务费，从中抽取了一定比例的资金用在零废弃宣传教育上。例如，零废弃项目每年的宣传教育预算约为700万美元，该资金主要来自一个由Recology从其收取的垃圾收集服务费中专门设立的账户。

（五）从分类到创建零废弃文化

旧金山市政府多年来在向民众普及零废弃目标的意识、习惯和创建零废弃文化方面做出了卓越成就。在美国，要实现这个目标并不容易，特别是在与废弃食物有关的议题上，一直以来公众意识都不积极。截至2012年3月，旧金山已经将上百万吨的易腐垃圾实现分类和好氧堆肥，完成循环。这些努力都是创建零废弃文化的核心。

旧金山市政府的零废弃部门主要负责制定零废弃战略、政策、项目和激励机制，以实现零废弃目标。零废弃部门有11名工作人员，分布在垃圾管理的不同领域。这个部门有1名经理、4名零废弃商业专家、3名专注于社区零废弃的工作人员，还有3名聚焦在城市管理的工作人员。除此以外，其中有几个人聚焦于有毒有害物减量项目和对外宣传工作。

对于商业部门的垃圾减量工作，零废弃部门设置了专门管理建筑垃圾的职位。负责人与建设方和业主紧密合作，通过Recology在旧金山的废物再利用设施回收再利用建筑废物。还有2个职位专门帮助企业实施可回收、可堆肥垃圾和其他垃圾、三分类垃圾回收项目，使企业达到市政府强制执行的回收和堆肥法律要求。2012年，在旧金山的2万家企业中，已经有1.8万家企业实现了干湿分类，将可堆肥垃圾分离出来。当前，旧金山环境部门致力于完成剩下20%企业的垃圾三分类工作。

其中，相对于商业部门的管理工作，州政府也扮演着一定的角色，就是制定和实施EPR制度等政策，并监管其实施过程。同时，所有住宅区域都需要做分类管理，少于6个单元的居民住宅的可堆肥垃圾收集方式和大多数联排住房家庭一样。在旧金山的9 000栋住房里，有7 200栋是联排住房或者独栋。2012年，约有

20%的居民区没有纳入垃圾分类范围。这些区域包括公租房、公寓楼里独立房间的住户，以及获政府租赁补贴的居民区。经过6年的努力，2018年居民区三分类垃圾回收项目的覆盖率已经达到99.5%。

四、小结

自2000年以来，旧金山致力于垃圾分类和减量管理，10年的努力是一个里程碑。2010年该市填埋的垃圾量是2000年的一半，相比2009年减少了15%。2010年，旧金山人均每日垃圾产生量为1.7 kg，77%的垃圾可以回收再利用。当时市政府估计，如果剩下的23%的垃圾的回收利用率达到75%，那么这个城市的整体垃圾分流率将达到90%。但要达到这一更高目标，需要旧金山实现三分类垃圾回收项目的全面覆盖。实际上，在2018年旧金山垃圾分流分类的回收率就达到了80%。

旧金山用了20年的时间在整个城市培育出零废弃的行为和文化。政策创新、经济激励、持续的宣传和教育是旧金山市实现80%垃圾分流率的重要原因。在这个过程中，垃圾分类和零废弃主管部门起到了主导作用，并且与民众及全市的商业部门合作治理垃圾问题。根据美国国家环境保护局的研究，垃圾分类回收工作可以比垃圾填埋或者焚烧处理创造10倍多的工作机会，有利于解决当地居民的就业问题。垃圾分类回收和堆肥处理对减少垃圾污染也起到了关键作用。

2018年，全球低碳城市（C40）会议在旧金山举行，旧金山作为东道主将零废弃行动与低碳减排、减缓气候变化紧密结合，向全球更多城市发起零废弃倡议。在迈向零废弃的道路上，旧金山张弛有度，且通过实效告诉我们，零废弃是可以有章可循的，也是完全能够实现的。

附　　录

零废弃总体规划[1]

——将欧洲循环经济的愿景变为现实

1　本规划为中文翻译版，英文原版由欧洲环保机构“欧洲零废弃”编写。欧洲零废弃是一个由社区、本地领导人、专家和变革推动者组成的欧洲区域内的网络组织，致力于消除我们社会中的废弃物。欧洲零废弃为社区赋能，帮助社区重新设计社会与资源的关系，并参照循环经济的理念实践更智能的生活方式和可持续的消费模式。

前 言

亲爱的读者：

城市面临的压力每年都在增加。地方政府不得不在压力下管理各种系统，而对很多政府来说，这种紧张感正变得越来越明显。我看到全球各个行业和部门正在发生重大变化，城市规划者也一直面临着如何适应这个快速变化世界的挑战。

欧洲终于开始远离旧的废弃物管理和产业模式，决策者现在明白了采取新方案的紧迫性，它就是资源管理。

“从废弃物到资源”的转变已经成为城市面临的一个重要问题，因为它同时影响着经济、社会和环境议程。在农村地区，保护农业系统、当地就业和社区韧性的必要性比以往任何时候都更大。我们社区的未来确实岌岌可危。

“城市是气候较量成败的关键。”联合国秘书长安东尼奥·古特雷斯如是说。

当悲观情绪主导着媒体叙事时，我看到积极的变化正在各处发生。科技、社会和经济的驱动正在改变叙事，从而推动社区在快速变化的世界中发挥作用。创新的步伐如此之快，以至于很容易扰动现有的公共服务和法规。

然而，我看到共享经济正在重建我们社区的“社会结构”，循环经济正在创造我们的社会结构所需要的物质库，以重新定位生产，让公民重新拥有自己的未来。对环境影响的认识现在已经成为主流，并且人们已经准备好抓住机会接受更智慧、更健康的生活方式。

如果领导者能够给他们的社区一种目标感、一个要遵循的愿景及在新经济中发挥作用的正确工具，那么他们将比以往任何时候都更能取得成功。

如果您认为过去几十年的变化很大，那么就开始为未来10年的变化做准备吧！新冠疫情（COVID-19）危机让我们得以一窥我们将会经历的并会在未来几年变得普遍的变化。

我们在欧洲需要做的事情是前所未有的，也是必要的：改变我们生产和消费的方式，以便从根本上减少排放，同时提高生活质量和社区的韧性。未来10年将是为实现本地化、低碳和韧性强的新经济奠定基础的关键时期。我们的目标不仅是停止成为地球的负担，而且是为地球补充生命和资源。这的确是一个值得称赞的目标，但我们如何才能实现呢?

在欧盟层面，公共和私营部门都围绕着“向循环经济转型”这一概念进行重组——循环经济是一种不浪费和不污染的经济模式，是一种保持产品和材料继续使用并重建生态系统自然资本的经济模式。现在每个人都在谈论这个词，我们似乎都认同一个“资源高效的欧洲”的真正潜力。经济增长与资源使用脱钩的理念如今已成为布鲁塞尔的主流观点，且欧盟已启动了各种支持性立法。然而，如何在地方一级实现这一愿景仍是挑战。

因此，我们非常自豪地发布了《零废弃总体规划》的第二版——一份关于“什么是零废弃”和“为什么要实践零废弃”的全景论述。在这个更新和扩展版的总体规划中，我们概述了零废弃的确切含义、历史及其对未来愿景的定义。

这份总体规划是为希望通过以下一个或几个方面来推动所在城市实现宏伟转型的市政官员、政策制定者、零废弃活动家、社区领导人、废弃物专业人士和城市规划者设计的：

●解决垃圾危机，或将系统重心从残余废弃物管理转向资源循环管理；

●为创业、地方商业和就业的蓬勃发展创造机会；

●将智慧、可持续和健康的生活方式纳入主流；

●逐步淘汰产品、服务和基础设施中的有毒物质及其排放物；

●建设有韧性且强大的社区，以帮助公民之间重新建立连接。

无论您是已经“在职”开展废弃物工作，还是正在准备一个本地的零废弃倡导行动或发起一场社区运动，本规划都会为您的计划提供所需的模块。“助力您的零废弃第一步”，就是本规划的设计初衷。最后，我们介绍了一系列工具，可以帮助您深入挖掘在社区实施零废弃计划的细节。

我们希望这份工具性的文献能帮助您和您的社区迈向零废弃。

祝好！

胡安·马克·西蒙（Joan Marc Simon）

欧洲零废弃（Zero Waste Europe）总干事

从“废弃物管理”到“资源管理”

我们的星球一直遵循“零废弃”的原则。在工业时代之前的几千年里，废弃物始终不是一个常用概念，因为文明社会的大多数废弃物都被用作其他加工过程的输入物，就像自然一样，以循环的方式保留了材料的价值。只不过，大自然通过进化所做的一切，人类需要通过设计来完成。

我们现在已经意识到，需要重新思考生产和消费的方式，以创建出类似于生态系统的物质间的联系。这些联系可以保存于蕴藏在资源中的价值和能量中，同时也使我们的文明繁荣昌盛。零废弃不仅是要让经济活动与环境破坏脱钩，更重要的是要为子孙后代保留生存的韧性和自然的资本。

20世纪末和21世纪初，欧洲现代废弃物管理模式的特点是从废物流中挑选有价值的材料，然后将剩余的材料送到新建的焚烧厂中。仅在30年前，25%的分类收集率门槛在欧洲大陆的任何地方都被认为是无法实现的。因此，在奥地利、法国、德国、荷兰和斯堪的纳维亚半岛建立了巨大的焚烧厂。

如今我们知道，废弃物预防（prevention）和新的商业模式可以减少30%～50%的废弃物产生，垃圾分类收集的比例可以达到90%，分类收集生物质废弃物具有很强的经济和环境意义。因此，人们可以观察到，欧洲正在从20世纪的“基础设施”模式向如今的“零废弃”模式转变，前者以昂贵、高度集中和缺乏灵活性为特征，后者则显得更加有效、分散和灵活，而且这种转变可以随着社会的发展和技术的革新不断进步。

能否达到欧盟的废弃物预防和回收目标，取决于地方当局如何实施废弃物政策。市政当局是创新和行动的中心，他们是与市民一起应对废弃物问题和推动欧洲循环经济转型的最佳力量之一。在过去的几十年里，不同城市选择了不同模式，其中一些是经得住时间考验的，但也有一些被证明是过时了的。

如果把来自旧的废弃物管理参考城市的数据与遵循零废弃模式的新领跑城市进行基准比较，我们可以看到，要送去处置的残余废弃物之间的差异非常大。例如，维也纳市（Vienna）产生的残余废弃物几乎是卢布尔雅那市（Ljubljana）的3倍，是特雷维索市（Treviso）的6倍。

图1　欧洲首个零废弃首都——卢布尔雅那市

（资料来源：Martino Pietropoli on Unsplash）

注：10年来，卢布尔雅那市总废弃物产生量减少了15%，可回收或堆肥废弃物的平均占比上升至61%，而送往填埋场的废弃物则减少了59%。零废弃不仅仅是管理废弃物——该市很清楚这一点，因而加强了废弃物预防活动，并制定了到2025年残余废弃物减半的宏伟目标。

20世纪废弃物管理的目的是通过以对环境危害最小的方式收集和处置废弃物，并最大限度地减少对环境的直接损害（图1）。零废弃把我们关注的焦点从废弃物管理转移到对地球宝贵资源的正确管理上，从而带领我们进入21世纪。

一、零废弃携手城市规划

城市市政当局与社区的利益攸关方合作，掌握着释放欧洲循环经济潜力的钥匙。本规划就是为这样的人而写的，它将作为一个工具在地方层面构建零废弃实用知识体系，并将循环经济的愿景变为现实。

二、最佳实践：意大利卡潘诺里的故事

卡潘诺里（Capannori）早在2007年就成为第一个宣称要追求零废弃目标的欧洲小镇（图2）。[2]该项目由当时一家本地组织负责人、现欧洲零废弃主席罗萨诺·埃科里尼（Rossano Ercolini）发起。

图2　卡潘诺里：首个宣称追求零废弃目标的欧洲小镇

（资料来源：开源－CANVA）

卡潘诺里一直在为一场国际运动铺平道路，这场运动的规模自那以后一直在扩大。得益于数个开拓性城市及其地方团体的努力，数百项经验教训、战略和策略得到了试验和检验，他们的经验得以汇总、整理，从而诞生了《零废弃总体规划》。

2　阅读卡潘诺里的故事，请点击https：//zerowastecities.eu/bestpractice/best-practice-the-story-of-capannori/，查看其他零废弃城市的最佳实践请点击https：//zerowastecities.eu/best-practices/。

第一部分　什么是零废弃

废弃物是当今世界的元问题之一，是我们每天都会产生和管理的东西。然而，我们不能仅仅通过清理或更好地管理废弃物来解决这个问题。我们需要找到问题的根源，重新设计我们与资源的关系，重新思考我们是如何生产和消费的，并关注我们共同决策的方式。这种新的视角和方案就是零废弃。

零废弃是一个既务实又有远见，既具有地方性又具有全球性的目标。零废弃理念受到自然的启发，以一种类似生态系统的机制发挥作用，最大限度地利用社区的资源，同时培育本地的生态韧性，为子孙后代增加可用的自然资本。

地球和生态系统通过自然进化所做的一切，我们作为人类必须遵循并通过设计来完成。这就是为什么零废弃旨在重新思考我们生产和消费的方式，以保存蕴含在地球资源中的价值和能量，并使人类文明繁荣昌盛。

废弃物管理的目标是“将废弃物转化为资源”，而零废弃则是“防止资源变成废弃物”。

零废弃主要指通过有意的设计，将废弃物及与之相关的有毒物质和低效过程排除在社会系统之外。在零废弃系统中，材料和产品的价值被保存在社区内，在那里它们会被反复使用。任何无法回收材料的技术都被认为是不可接受的，并且会被淘汰。与此同时，循环再生（recycling）对物质流的闭合很重要，但它应该被视为一种末端处理方案，因为我们无法通过循环再生来摆脱一个充满废弃物的社会。

根据唯一一个经同行评议的定义，“零废弃”是通过对产品、包装、材料负责任的生产、消费、重复使用（reuse）和回收利用（recovery ）来保护和节约所有的资源，不焚烧，不向陆地、水域或空气排放威胁环境或人类健康的污染物。[3]

零废弃是未来希望的愿景，也是一种态度；零废弃不仅是目的地，而且是一场旅程。它对任何人开放。

世界各地的城市、餐馆、酒店、活动、社区和个人都已经证明，通过践行零废弃理念可以创造一个更美好的世界。

一、零废弃的优先次序

欧洲零废弃提出了一种新的废弃物管理优先次序（waste hierarchy）原则，用以改变社会看待废弃物的思维定式。重要的是，这种原则从传统的废弃物管理转向资源管理，建立了能在经济体系中保存资源价值以为当代人和子孙后代持续服务的制度。

零废弃优先次序不同于欧盟政府的废弃物管理优先次序，后者缺少两个步骤。零废弃优先次序更注重优质材料的节约和有机残余废弃物的处理，同时为未来几年需要的过渡期做好了准备。

运用优先次序原则可以循序渐进地指导实践，包括从顶尖的最佳方案到底层最糟糕、最不能接受的做法（图3）。

❶ 拒绝/重新思考/重新设计：拒绝我们不需要的，并通过重新设计商业模式、商品和包装来改变我们的生产和消费方式，从而减少对资源的使用和浪费。

3　2018年12月，零废弃国际联盟（Zero Waste International Alliance），https：//zwia.org/zero-waste-definition/。

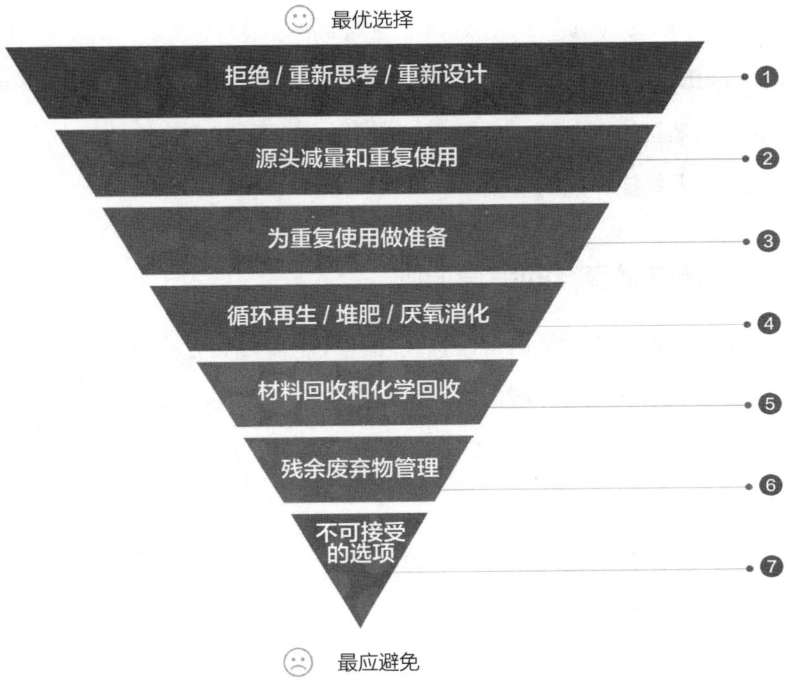

图3　零废弃优先次序

❷ 源头减量和重复使用：减少数量、毒性、生态足迹，并减少任何使产品或部件不能重新用于初始设想之用途的操作。

❸ 为重复使用做准备：对已成为废弃物的产品或部件实施检查、清洁或维修操作，使其不经任何其他预处理便可重复使用。

❹ 循环再生/堆肥/厌氧消化：从分类回收的废弃物流中循环再生优质物料。

❺ 材料回收和化学回收：以环境友好的方式从混合垃圾中回收材料，并使之成为新的有价值的材料的技术。

❻ 残余废弃物管理：在填埋前对无法从混合垃圾中回收的废弃物进行生物稳定性处理。

❼ 不可接受的选项：指不利于材料回收、对环境影响大、产生锁定效应（lock-in effects）、威胁向零废弃转型的做法，如变废为能（waste to energy）的焚烧处置、焚烧协同处置、变塑料为燃料、填埋不稳定废弃物、气化、热解、非法倾倒、露天焚烧和乱扔垃圾。

二、城市零废弃的指导原则

零废弃的真正落实是由市政当局和社区利益攸关方在地方层面进行的。这就是为什么本规划以零废弃城市的起步指南作为其定位，方法是设计出一套共同的指导原则。这些指导原则是零废弃方法论的基础，可以在zerowastecities.eu网站上找到。

下面，我们将关键原则与本地情况及地方政府在大多数情况下可以实施和影响的决策联系起来（图4）。

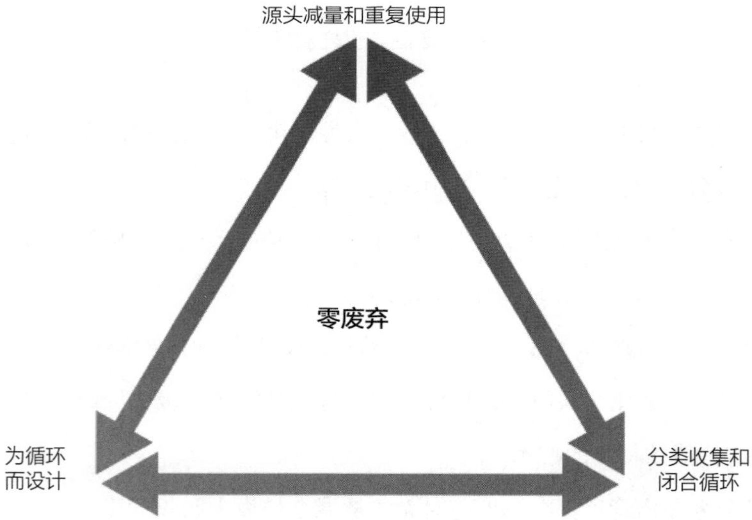

图4　零废弃的关键原则

（一）源头减量和重复使用

废弃物最好的状态是从一开始就没被生产出来，因此产品设计阶段的干预是避免管理不应存在的废弃物的关键。例如，通过在食堂、餐馆、旅馆、医院和家庭中实行适当的培训、激励和采购政策，可以减少食物浪费；无包装商店和本地市场可以防止包装和食品浪费，同时提供新鲜食品。

大多数一次性包装都是多余的，城市层面的适当干预很容易将其替换，如外带咖啡杯、外卖食品容器、用后即弃的水瓶或一次性吸管，这些物品可以被不产生废弃物的解决方案替换。

市政当局还可以发挥关键作用，促进饮料重复灌装和尿布重复使用体系的推广，并保证在本地商店内提供其他无废卫护用品。[4]

对于电子产品、家具或衣服等耐用品，关键在于鼓励对其进行维修和重复使用，方式可以是二手商店、重复使用推广活动、线下和线上的交易平台。[5]

利用公共采购的购买力来改变市场，推广无纸化办公室，建立物资仓库和工具库，是防止本地产生废弃物的另一种方法。

（二）为循环而设计

产品和包装的设计不应该使其最终成为废弃物，而应在使用寿命结束时尽可能保留其价值。如果产品无法重复使用、修复、翻新、再生或堆肥，则应重新设计或完全退出系统。

如果我们不知道问题出在哪里，那么我们将无法找到解决方法。

目前的废弃物管理系统旨在使废弃物"消失"，包括将其送往其他国家[6]、填埋或焚烧。这种将东西扔往"别处"的幻想只会掩盖问题，因此零废弃战

4 https：//zerowasteeurope.eu/products/menstrual_products_nappies_wet_wipes/。

5 https：//zerowasteeurope.eu/library/the-story-of-ereuse/。

6 https：//investingstrategy.co.uk/other-investments/esg-investing-a-comprehensive-guide/。

略采取了相反的方法。废弃物应摆在我们眼前，以证明我们系统内的现有材料和产品设计都是不合适且不可持续的。零废弃项目要研究经有效分类收集后还会剩下的哪些废弃物[7]，以便审查和确定可能的解决办法，防止日后问题反复出现。

应当明确具体产品或包装是生物循环（消费性产品）还是技术循环（服务性产品）的一部分。一般性的原理告诉我们，混合了技术和生物成分的产品或包装很难在目前的资源管理系统中被消纳。因此，除非非常清楚该如何将不同的材料进行分离并回收再生，否则不应允许它们进入市场。

事实上，产品或包装中的一些物质对人类健康[8]和其他生物都是有害的。如果产品或包装没有被设计成能在再生产过程中安全利用，那么将其作为再生材料循环使用，将会对回收系统的技术表现及使用相关再生材料物品的性能产生威胁。

有些材料和产品的设计考虑了回收环节，但废弃物收集和处理系统无法对其进行管理。在这种情况下，生产商应建立自己的逆向物流系统，以确保废弃物得到有效的回收利用。

（三）分类收集和闭合循环

如果我们的消费和生产方式得以改造并能有效避免可预防的浪费，与此同时不可避免的废弃物被设计成可回收、易回收产品，以便在经济中再次利用，那么将资源重新引入生产链条的唯一必要动作就是以尽可能最好和最清洁的方式收集资源，确保其价值被保留以供下次使用。

在这方面，各城市和市政当局应实施有效的收集制度，以便对各种材料进行清洁分类。应分类收集的材料至少包括有机物（如食品和园艺废弃物）、可回收

7　https：//zerowastecities.eu/webinar/the-transition-strategy-to-deal-with-residual-waste/。

8　https：//zerowasteeurope.eu/our-work/eu-policy/product-redesign/food-contact-materials/。

物（如纸张、纸板、玻璃和塑料容器、可重复使用的产品和部件），然后是残余废弃物——这是分类收集穷尽之后残留下来的。

欧洲目前的例子表明，分类收集可以实现80%～90%的循环再生率。这里针对来自家庭、学校和公共机构产生的所有废弃物。

分类收集有机物[9]通常能产生最显著的影响：一方面，可使大量的废弃物被送去堆肥[10]，而不是填埋或焚烧；另一方面，也可使其他可重复使用物品或可回收材料具有更高的纯度，从而使价值保持不变。

路边收集[11]（kerbside collection）和押金返还计划[12]（deposit refund scheme）是确保回收率达到最高，并以最低成本对材料进行清洁分类的最强有力的工具。

1. 做正确的事（垃圾分类）应该比做错误的事更划算、更容易

任何仅仅依靠人们承诺作出更多努力的制度都是行不通的。经济激励措施应作为行为改变的主要驱动力加以实施。产生过多的废弃物应被罚款。当前的经验证明，当系统是为公民设计的并与他们合作时，公民是有意愿配合的。

产品若将成为废弃物，其生产商也应共同资助垃圾分类计划。

除为公民做正确的事设置经济激励措施外，还应扩大生产者的责任，要求他们支付因将其产品或包装投放到市场而产生废弃物收集和处理的费用。生产者支付费用的设定应该是动态有机的，这意味着其水平的高低应反映每种材料或产品可作为次生原料重新引入生产循环的难易程度。

如果分类收集工作进行得当，那么以前作为废弃物丢弃的资源将保持其价值，并可回收为次生原料。如果具有相当的规模，城市内便可建立再生资源仓

9　https：//zerowastecities.eu/webinar/collection-of-bio-waste-in-densely-populated-areas/。

10　https：//zerowastecities.eu/webinar/decentralised-management-of-organic-waste/。

11　https：//publications.jrc.ec.europa.eu/repository/。

12　https：//zerowasteeurope.eu/library/deposit-return-systems-drs-manifesto/。

储，取代目前的线性资源开采方式，并形成一种面向未来的生产、物流系统，使资源可以在城市内部循环保留、创造和重复使用。

2. 依照新范式改造基础设施

随着废弃物产生量的减少和循环再生率的提高，填埋场或焚烧厂[13]等处置基础设施应不再兴建并逐步被淘汰。灵活性和适应性对于零废弃至关重要，基于这个原则，垃圾处理合同和规划不应产生锁定状态。在充分考虑焚烧缺乏适应性（无论是常规还是非常规）的情况下，必须避免继续增加热处理能力，并且应逐步淘汰现有设施。

当本地规划增加了废弃物重复使用、分类收集、循环再生和堆肥活动，同时减少了废弃物产量时，过渡性解决方案是只容许少量且数目不断减少的性状稳定的残余废弃物安全填埋。为了尽快减少对填埋场的依赖，除了要通过生物稳定化处理使残余垃圾质量、体积（和影响）减少，还要从残余废弃物中进一步回收利用材料。在已实施路边收集的地方，这已被证明是切实可行的，而且越来越有效。

三、深入社区

另一关键原则是社区教育和公众参与，这是以人为本的《零废弃总体规划》得以成功的重要因素。应邀请居民采纳“摆脱废弃物”的做法，并积极参与资源管理系统的设计，以显著减少废弃物的产生。

公众教育运动是鼓励和促进公民参与的关键。当人口随时间自然老化，城镇往往不得不应对不断变化的人口结构，因为大量的新增人口要么迁入该地区永久居住，要么只是每天往返通勤。鉴于今天许多城市和城镇的人口不断变化，必须

13 https：//zerowasteeurope.eu/2015/06/climate-and-waste-talks-in-bonn/。

更加重视公民的教育，并向他们提供信息资源，以指导他们参与零废弃计划。因此，各城市应优先重视社区参与和教育活动，这将为成功和有效的地方零废弃计划奠定基础。

教育和培训对改变管理范式并逐步淘汰废弃物至关重要。需要提高市政环境部门、本地废弃物管理公司和其他社区领导部门的关键人员对资源管理的认识与知识水平。教育和培训是推出总体规划期间回应废弃物问题引发的文化挑战的最佳方法。

还应向当地企业家、社会企业和团体提供更多的鼓励和支持。鉴于这些利益攸关方所具备的本地知识及在零废弃城市中的突出作用，应邀请他们为社区面临的挑战提供解决方案。

四、零废弃和循环经济

欧洲正在经历资源管理从线性模式向循环模式（图5）的转变，这一变化的实施在地方一级进行。雄心勃勃的欧洲新立法[14]已经出台，要求地方当局在未来几年内调整方向，制定废弃物的预防产生和重复使用政策，广泛开展分类收集，落实高质量回收，逐步淘汰垃圾填埋场和焚烧厂处置。

循环经济是一种再生系统，通过减缓、闭合和缩小物质和能源循环，最大限度地减少资源输入和浪费、污染物排放及能量泄漏。这可以通过长期的设计、维护、维修、重复使用、再制造、翻新和循环再生来实现。这与“开采—制造—处置”生产模式的线性经济形成了鲜明对比。

14 https：//eeb.org/wp-admin/admin-ajax.php ？ juwpfisadmin=false&action=wpfd&task=file.download&wpfd_category_id=79&wpfd_file_id=99377&token=67308efa09e00eba5f36414fdf4a0562&preview=1。

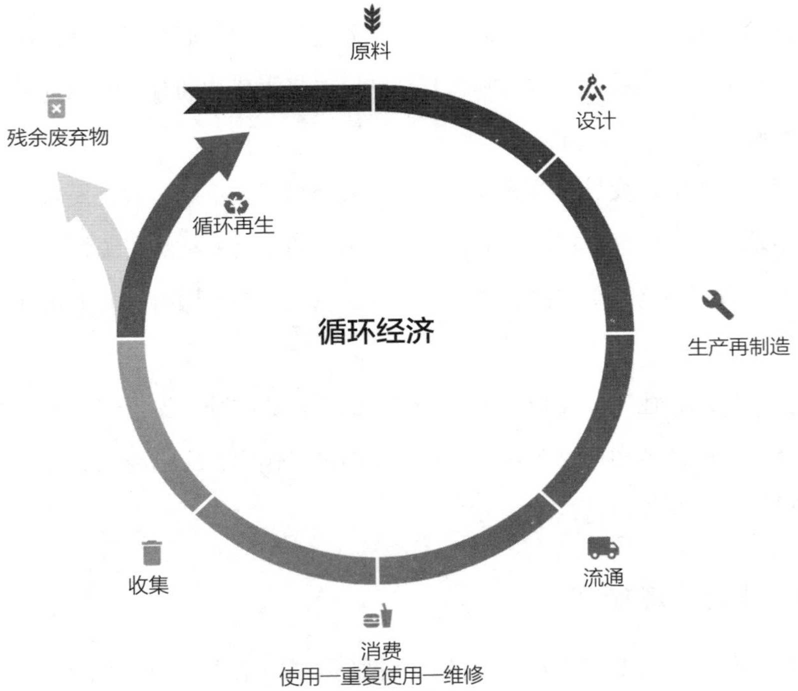

图5　循环经济示意图

零废弃思想完美地融合了循环经济的论述，《零废弃总体规划》也可能是城市开始应用循环经济原理的最匹配工具。循环经济有潜力创造更多的就业机会和企业来处理有限物质资源的重复使用和循环再生。

如今，欧洲有数百座城市已承诺零废弃，并正在实施零废弃方案。来自世界各地的地方政府也表达了对这种将社区利益放在首位的欧洲最佳实践的兴趣。

“我们需要确保我们处理好自己的垃圾……但处理它们唯一真实的方法是一开始就不制造垃圾。”欧洲绿色新政（European Green Deal）执行副主席弗朗斯·蒂默曼斯（Frans Timmermans）在2019年10月10日布鲁塞尔召开的欧洲议会环境、公共卫生和食品安全委员会听证会上如是说。

五、零废弃模式

（一）旧模式：集中式资源管理

在过去的几个世纪里，欧洲城市已经从生产中心转向消费中心。随着世界城市人口的增加，生产越来越全球化，城市也变成了资源的汇集点。

线性模式使供应链呈指数级增长，使城市成为资源的墓地，也对当地居民造成了重大伤害。反过来，这又导致权力和基础设施大规模集中到少数人手中，并使社区与直接生产链条脱节。

事实上，今天大多数工人受雇于与消费有关的服务，而远离[15]了生产和废弃管理过程。

在最近几十年中，基础设施的开发一直倾向于高度集中的资源开采和管理系统。这些系统消耗了大量能源和水等重要资源，并产生了大量的废弃物和碳排放。对于每个“系统”（工厂、城市、医院、学校）来说，资源的生产（或处理）都远离了资源消费的环节。

集中式系统意味着集中的能源结构及因运输资源产生的高碳排放，而资源的生产或管理却都远离了资源消费的环节。

传统废弃物管理和零废弃方案的对比如图6所示。

（二）正确的模式：“分布式”资源管理

我们正在观察城市如何慢慢再次成为生产中心，也注意到生产和消费在地方层面正逐步重建紧密的连接。我们很高兴地看到，能源、粮食、水和其他基本资源的生产和供应方式发生了重大变化，这得益于技术的支持、社会和经济的推动力及对强化系统效率和韧性的日益关注。

15　https：//zerowasteeurope.eu/press-release/discarded-communities-on-the-frontlines-of-the-global-plastic-crisis/。

传统废弃物管理	零废弃方案
集中式	分布式
资本密集	创造就业
焚烧或填埋垃圾	识别并减少垃圾
对废弃物有锁定效应	促进废弃物减量政策

图6　传统废弃物管理和零废弃方案的对比

（资料来源：Vectors Market and Adrien Coquet on the Noun Project， Freepik on Flaticon）

分散的系统意味着社区拥有更大的权力，更能掌控那些对其生活有影响的决定。零废弃方案正是如此，它将把资源管理的控制权还给社区，使社区对本地的经济形态有更大的影响力。

无论是通过加强社区堆肥建立重复使用中心以创建闭环系统，还是重新设计商业模式以实现生产本地化，零废弃都有助于创建一种灵活的系统，可以适应社区的具体需求。今天，在整个欧洲我们看到了这种做法的益处，社区对本地事务有了主人意识、凝聚力和自豪感。

（三）未来图景

今后，整个社会极可能会设计出一套完整的循环体系。城市和郊区的农业将生产我们在城市消费的大部分食物。

在新建立的材料仓储的帮助下，生物经济（bioeconomy）将加强营养和资源循环，以前被丢弃的废弃物会变为次生原料充满这些仓储。本地生产的可再生能源将提供能量，维持该系统的运作。

数字经济将与循环经济融合，以优化系统，创造不会下岗的就业机会。生产者成为消费者，消费者成为生产者。一次性产品和包装将被可重复使用的无废解决方案取代，这种方案将通过缩短供应链得以实现（图7）。本地物资流动将获得优先考虑，社区在资源管理方面会发挥积极作用，以确保他们通过实施新制度带来大部分财富。

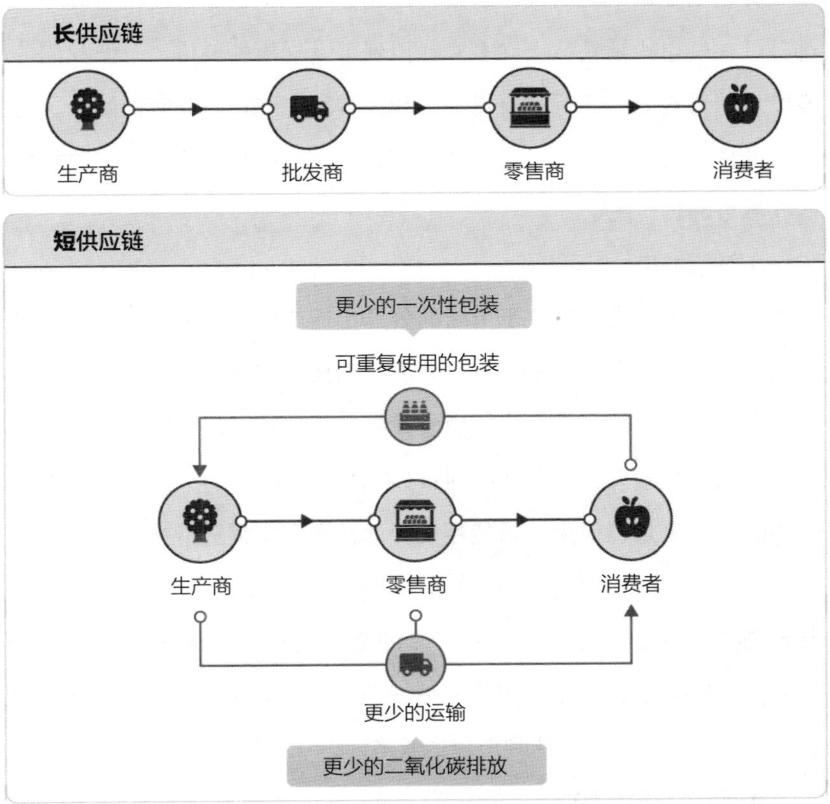

图7　长供应链与短供应链的对比

通过全球零废弃城市的增加，这种转变在今天已经发生了。我们开始看到它对社会各个方面（包括环境和人口）都有好处，让我们离零废弃世界又近了一步。

注意：本规划并不关注垃圾危机及垃圾填埋、焚烧和其他错误解决方案造成的问题，但是如果您想了解这些信息，在www.zerowasteeurope.eu上可以找到相关资源。

六、零废弃的新兴主题

零废弃是当今城市规划议程的最主要趋势之一，也是建设可持续城市的基本组成部分。在城市规划领域，许多实践得到了大规模的宣传。下面我们分享一些与《零废弃总体规划》并行且值得考虑和探索的主题，因为它们融合了与我们路线图一致的核心价值和愿景元素。这种综合视角可以帮助政治计划脱颖而出，并传达所在城市的真实愿景。

（一）智慧城市

某些行业提倡的大多数关于革新的公开论述是以技术为中心的。它们将智慧城市定义为一种城市发展愿景——将大型信息技术和通信系统及物联网技术集成在一起，以管理城市的资产。该领域的最新发展显示出一种以人为本的视角，并强调如下事实：技术应服务于社区的目标，并且只能作为“促进社会进步的使能器（enabler）”来加以应用。虽然零废弃通常倾向于促进低技术解决方案（low-techsolutions），但我们确实认识到数字平台和设备在提高效率和帮助减少废弃物系统碳排放方面的好处，如优化卡车的废弃物收集路线和某些“按量收费”（pay-as-you-throw）系统中使用的射频识别标签。零废弃系统的优点在于无论有没有智能技术，它们都可以达到出色的效果。

（二）绿色和智能出行

我们支持富有雄心且可持续的城市交通发展议程。这意味着要促进人员和货物运输系统的优化，并尽可能地减少不必要的运输。智能出行并不一定意味着用电动汽车和重型公共交通基础设施取代汽油或柴油动力汽车。城市的发展方式和人与货物的流动方式是否得到“工程化”的设计决定着一个社区能否达到碳减排水平。例如，人们上班要走很远吗？他们是在社区购物还是在远离市中心的地方购物？确保在回答这些问题时将当地社区放在首位，对于希望实施可持续、低碳和资源节约的高效出行规划的城市来说至关重要。

（三）摆脱一次性使用

塑料污染是我们到达生态临界点的最显著指征。公众舆论一致认为我们不能继续破坏地球。这个话题变得十分敏感，因为大多数城市在历史上遭遇过这样的危机，如垃圾收集者罢工导致街头垃圾堆积，在本地大气、土壤或供水中发现有害化学品，以及公民反对垃圾填埋场或焚烧厂建设项目。然而，我们从未见过像今天这样的由塑料引发的全球废弃物危机。好消息是，解决方法是存在的[16]，并且将应用于全球。在未来几年内会有越来越多的预防产生和重复使用行为取代一次性塑料的使用，很多此类项目将在零废弃城市展开。

（四）全新的零废弃商业模式

线性经济所带来的挑战——物品的一次性使用，是今天我们关注的主要问题。解决一次性包装、一次性尿布或食品浪费问题需要改变观念，实施新的商业模式，设计零废弃系统。

这些新的商业模式采用无毒材料并让物品能长期使用，同时充分利用新技术，以从前不可能做到的方式进行物流和数据管理。新的商业模式是劳动和知识密集型并融入当地生态系统的，而不是迫使社会生态系统适应它们。

16　https：//www.breakfreefromplastic.org/。

（五）零废弃生活方式

近年来在家庭和个人层面，零废弃生活方式的发展势头迅猛，欧洲成千上万的家庭决定采取与以往不同的消费方式，并决意从根本上减少废弃物的产生。批量购买产品、自己制作化妆品或种植食品，都证明人们希望成为行动者和生产者，而不仅仅是消费者。这一愿景若实现，就意味着本地有更多的经济发展机会、更多的就业机会，同时有更低的碳排放。

（六）联合国可持续发展目标

零废弃符合联合国可持续发展目标（UN's Sustainable Development Goals，SDGs）[17]的愿景和方向（图8）。在社区内实施零废弃战略是将可持续发展目标

图8　可持续发展目标

（资料来源：引自联合国可持续发展目标）

17　https：//www.globalgoals.org/。

纳入当地计划的一种实际做法，有助于解决当今社会面临的主要环境、经济和社会问题。

具体来说，零废弃方案可以帮助社区和市政当局实现：

●可持续发展目标11 可持续城市和社区；

●可持续发展目标12 负责任消费和生产。

零废弃把这些全球层面的政策雄心和愿景转化为地方层面的有形政策，以加速实现所有192个联合国会员国已经商定的这些目标。

“在气候保护方面，城市对于塑造我们地球的宜居未来发挥着至关重要的作用。最大的环境挑战只能通过持续关注社会公正，同时不失经济视角才能克服。”柏林市长迈克尔·穆勒（Michael Müller）如是说。

七、欧盟废弃物和循环经济立法

自2014年“循环经济路线图”（circular economy road map）公布以来，欧盟一直在制定立法框架，为向零废弃转型铺平道路。2018年和2019年，随着主要的废弃物相关指令的修订和包括《一次性塑料指令》（*Single-Use Plastics Directive*）在内的《欧盟塑料战略》（*Strategyon Plastics*）的出台，这一势头持续增强。

以下我们将概述欧盟有关废弃物和循环经济的最新立法。在本规划的第二部分，我们将会解释零废弃方案如何能通过提供一套既可适应本地实际又有一定灵活性的框架和方法，帮助欧盟成员国各市镇实现立法目标，从而带来高水平的公众参与和社会影响。

（一）欧盟废弃物立法修正案

2018年，欧盟成员国同意修订欧盟关于废弃物的3项主要立法，以期使欧洲走向循环经济。这3项立法是《废弃物指令》[18]（*Strategyon Plastics*，2008/98/EC）、《包装及包装废弃物指令》[19]（*Directiveon Packaging and Packaging Waste*，1994/62/EC）、《垃圾填埋指令》[20]（*Directiveon the Land fill of Waste*，1999/31/EC）。这就要求欧盟成员国至少需要设置以下废弃物分类回收目标：

●生物质废弃物，2023年12月31日之前；

●纺织品，2025年1月1日之前；

●有害废弃物，2025年1月1日之前；

●废油，2025年1月1日之前；

●纸（自2015年以来已经强制要求）；

●金属（自2015年以来已经强制要求）；

●塑料（自2015年以来已经强制要求）；

●玻璃（自2015年以来已经强制要求）。

这3项立法也批准通过了下列关于循环再生和废弃物管理，特别是包装物管理的目标（表1）。

表1　以包装为重点的循环再生和废弃物管理目标

	2025 年	2030 年	2035 年
市政废弃物循环再生和为重复使用做准备的最低要求	55%	60%	65%
市政废弃物填埋处置的最高限制	不适用	不适用	10%
包装废弃物循环再生最低要求	65%	70%	不适用

18　http：//www.europarl.europa.eu/sides/getDoc.do？type=TA&language=EN&reference=P8-TA-2018-0114。

19　http：//www.europarl.europa.eu/oeil/popups/ficheprocedure.do？lang=en&reference=2015/0276（COD）。

20　https：//www.europarl.europa.eu/doceo/document/TA-8-2018-0115_EN.html？redirect。

续表

	2025 年	2030 年	2035 年
塑料	50%	55%	不适用
木材	25%	30%	不适用
黑色金属	70%	80%	不适用
铝	50%	60%	不适用
玻璃	70%	75%	不适用
纸张和纸板	75%	85%	不适用

新修订的《废弃物指令》要求成员国“利用经济手段和其他措施鼓励废弃物优先次序的施行”，也包括如下经济手段范例：

●废弃物填埋和焚烧的收费和限制方面，鼓励预防废弃物产生和循环再生，同时将垃圾填埋作为最不可接受的废弃物管理措施；

●按量收费——向废弃物生产者收费的计划方面，根据实际产生的废弃物量，为可回收物的源头分离和混合垃圾的减少提供激励；

●对物品捐赠活动给予经济激励，尤其是食物捐赠；

●生产者责任延伸制（EPR）方面，可覆盖各类废弃物，以及各种有助于提高效能、成本效益和治理效果的措施；

●提出押金返还计划及其他鼓励消费后产品和材料有效回收的措施；

●逐步淘汰与废弃物优先次序原则有矛盾的补贴；

●用经济手段或者其他方法来提升产品及材料的性能状态，以便获得更好的重复使用和循环再生。

这些目标对于欧盟成员国来说都是强制性的。欧盟委员会将监测各国政府对目标的执行情况，并在每个目标最后期限的前3年提出预警报告，以评估每个成员国在实现这些目标方面取得的进展。不遵守该指令及相关目标意味着欧盟委员会将启动侵权程序并可能处以罚款。因此，社区和市政当局在落实这些政策并将其转化为地方级别法规方面发挥着关键作用，也会帮助国家政府避免出现达成不了目标的问题。

对于非欧盟国家，这些指令的影响在很大程度上取决于该国与欧盟之间的协议。那些愿意加入欧盟的国家或早或晚都会受到这些指令的约束，但是只要有关环境问题的谈判还没有开始，这些国家就不会被正式要求遵守这些立法。大多数候选国的情况都是如此。像瑞士这样的国家在一定程度上受到这些限制，特别是在单一市场规则方面。就英国而言，脱欧协议会决定这些欧盟法规在英国的适用程度。脱欧之前，英国受这些立法和欧盟所有其他立法的约束，如果英国将来要参与单一市场，它也将不得不遵循欧盟立法。无论怎样，即使在欧盟之外也可以利用最新的欧盟立法来鼓励和推动当地的行动。

从各地批准通过以上立法目标和实施的情况来看，这些立法的基本要求不仅得到了满足，而且有远远超出预期的情况。意大利的许多城市目前正按80%～90%的分类率来收集垃圾，证明零废弃不再只是一个白日梦，而是一套实实在在的政策和战略，并且马上就可以引入社区，让人们看到废弃物产生水平的快速下降，以及回收利用率的大幅提升。

（二）循环经济行动计划

2019年的结束标志着布鲁塞尔欧盟委员会新的5年任期的开始，随之而来的是委员会及其团队重新关注和确定优先事项，以引导欧盟迈向2024年。

2019年7月16日欧洲议会全体会议[21]提出，“循环经济立法包括新的废弃物和循环再生指令，其碳减排成效将占欧盟2050年净零碳排放努力的‘一半’，并将

21 http：//www.euractiv.com/section/circular-economy/news/circular-economy-isnumber-one-priority-of-european-green-deal/。

作为即将出台的欧洲绿色新政的头等大事来抓。”

2020年3月，欧盟委员会公布了第二个“循环经济行动计划”（circular economy actionplan）[22]的细节，成为“欧洲绿色新政”[23]的一部分。新计划概述了欧盟和各国政府将实施的步骤和措施，这些步骤和措施将促成欧洲向零废弃和循环经济转型。

修订后的“循环经济行动计划”旨在超越以往欧盟循环经济战略所取得的成就，并确定了城市生活垃圾减少50%的目标和关键产品“有权维修”的新政策。在编写本报告（2020年4月）时，该计划只包括措施和倡议，还不是具体立法，立法内容将在该计划于2020年3月启动后的数月和数年内作出决定。计划中的措施和倡议包括以下内容：

●目标，即到2030年使欧盟市场上的所有包装都以经济可行的方式重复使用或循环再生；

●可持续产品政策，即确保产品按照可持续性标准生产，包括可重复使用性、可修复性、资源利用效率或二氧化碳排放水平；

●确定食品浪费的新目标，并通过欧盟“从农场到叉子”（farm-to-fork）[24]的战略实现；

●发布关于单独收集纺织品废弃物以促进这一关键废弃物类别循环再生的指导意见，到2025年欧盟成员国必须单独收集纺织废弃物。

（三）《一次性塑料指令》

为应对一次性塑料产品对环境的重大负面影响，欧盟出台了一项关于减少某

22 https：//ec.europa.eu/environment/circular-economy/pdf/new_circular_economy_action_plan.pdf。

23 https：//ec.europa.eu/info/strategy/priorities-2019-2024/european-green-deal_en。

24 https：//zerowasteeurope.eu/library/zero-waste-europes-feedback-on-the-farm-to-fork-strategy-towards-a-food-system-free-of-chemicals-overpackaging-and-waste/。

些塑料产品对环境影响的新指令，通常被称为《一次性塑料指令》[25]。该指令于2019年5月获批，2019年7月生效。

该指令旨在防止、解决塑料污染问题，特别是海洋环境中的塑料污染问题，因而设定了多项措施，包括从2021年起在欧盟全面禁止不必要的一次性塑料制品，如棉签、餐具、餐盘和一些发泡聚苯乙烯容器。此外，该指令还鼓励减少消费，支持向可重复使用的食品和饮料包装系统转型，以及提高塑料瓶的收集率，并要求实行生产者责任计划（图9）。

可在我们的政策简报[26]阅读更多有关《一次性塑料指令》的内容。

（四）与循环经济理念矛盾的欧盟政策：10%的垃圾填埋目标

循环经济一揽子立法（Circular Economy Package）的基石之一是经修订的《垃圾填埋指令》。该指令的战略目标与欧盟1999年定义的垃圾填埋政策基本相同。然而，新修订的指令的一个关键性内容是垃圾填埋最小化目标，它要求成员国在2035年以前将城市生活垃圾的填埋比例限制在10%或更少（图10）。

虽然垃圾填埋最小化目标似乎符合《废弃物框架指令》（*Waste Framework Directive*）的战略目标（最大限度地为循环再生和重复使用做准备，以及对特定类别的废弃物落实分类收集义务），但新的责任义务也产生了可能与欧盟循环经济议程（EU Circular Economy Agenda）总体原则相矛盾的工作目标。

有证据[27]表明，10%的填埋门槛极具挑战性，并可能促使决策者投资于垃圾焚烧，以尽量减少垃圾填埋。这可能会造成锁定局面——废弃物被迫焚烧，这违反了循环经济一揽子立法的原则和战略目标。

---

25 https：//eur-lex.europa.eu/eli/dir/2019/904/oj。

26 https：//zerowasteeurope.eu/downloads/unfolding-the-single-use-plastics-directive/j。

27 https：//zerowasteeurope.eu/library/the-landfill-target-may-work-against-the-circular-economy/。

图9　反思塑料联盟（Rethink Plastic alliance）
推动《一次性塑料指令》的倡导行动

（资料来源：Rethink Plastic alliance & Visual Thinkery）

图10　将10%填埋目标所含的一个问题可视化
——以比例而非吨重量来对垃圾管理进行评价

为此，欧洲零废弃建议以两种补充方式修订《垃圾填埋指令》，使其符合欧盟循环经济议程的总体原则和战略目标。

一是设定填埋目标参照基准年，而不是“任意给定年”。这将奖励在减少废弃物方面做出的努力，这些努力在废弃物优先次序原则中被置于更高的位置，应该被视为具有可持续性的“A计划”。

二是采取每人每年产生废弃物千克数的填埋目标，而不是一个百分比，以奖励那些正在实施渐进的废弃物管理战略的地区（社区、地方当局），尽量减少残余废弃物的产生。每人每年产生废弃物千克数的目标可以取代百分比目标，或简单地作为百分比目标的补充，这两个办法任何一个都适用。

要想更好地了解垃圾填埋目标的问题，请阅读我们的政策简报[28]。

28　https：//zerowasteeurope.eu/library/the-landfill-target-may-work-against-the-circular-economy/。

第二部分 为什么要采纳零废弃方案

现今，某个市政当局采纳零废弃方案的原因有很多。无论是居住在农村还是城市社区，无论城市财政预算是大还是小，人口密度是高还是低，是否受游客季节波动或人口规模萎缩的影响，采纳零废弃方案都能为您的社区带来巨大的社会、经济和环境效益。此外，零废弃方案日益被视为一种落实本地政策框架的工具，该框架可以帮助市政当局遵循并执行欧盟关于废弃物、循环经济和气候变化的立法。

一、了解零废弃的好处

随着零废弃城市在欧洲的发展和普及，我们能够捕获更多的数据，并见证更多因采用此类政策而为当地社区带来的好处。在这里，我们将零废弃的好处归为三大类：经济、社会和环境（图11）。

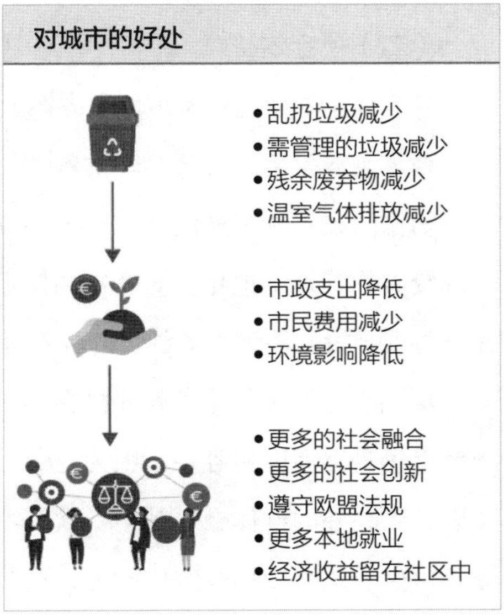

图11 零废弃城市的好处

（资料来源：Freepik on Flaticon）

（一）经济韧性

城市之所以致力于实现零废弃，除了要解决许多社会或环境问题，愿景的背后还包含着真实的经济理由，其中包括以下内容：

●当一座城市想要优先考虑本地解决方案以防止废弃物的产生时，它实际上是在为本地企业家提供商机，无论是开发无包装替代品还是新的电器销售业务模式，这些共同促成社区内社会互联的机理和多元化经济，使社区在面向未来时更具韧性。

●简单地说，如果要管理的废弃物变少，市政当局要承担的成本就更低。零废弃可大幅减少要处理的废弃物数量，这意味着城市无须支付通常超过100欧元/t的处理费用，也意味着更多的资金可用于公共服务或为居民减税。

●更好的分类收集意味着更多的优质资源可以在市场上出售，从而有助于补偿收集成本。

●通过推行废弃物源头减量计划，以及采取适用于公民和企业的财务激励措施，每个人都可以省钱。当企业和公民都因受经济激励而产生更少的废弃物时，他们为废弃物管理支付的费用也会降低。

（二）社会效益

零废弃主要建立在本地解决方案上，它将首先使社区受益。

●零废弃是关于资源管理的本地解决方案。这意味着要投资于能通过设计将废弃物排除在系统之外的新商机，如意识和教育的提高及分类收集的优化，才能实现废弃物管理本地化。与资本和技术密集型的传统废弃物管理相比，零废弃意味着将资金投入能为本地创造的且不容易被去本地化的就业机会。

●零废弃不仅创造了就业机会，而且创造了“社会工作”。材料收集和产品维修市场具有高度包容性，因为它们可以使低技能工人和以前被传统社会及经济发展排除在外的群体融入其中。欧洲零废弃城市见证了本地企业的兴起，提高了循环再生、重复使用和维修能力，这些企业雇佣工人并提高其技能，让他们融入社会，而工人提高技能后可在社区中发挥重要作用。

●平均而言，零废弃创造的工作岗位多于填埋或焚烧的10倍[29]。其一，填埋和焚烧是技术和资本密集型的废弃物处置方案，在所有废弃物管理操作中劳动强度最低；其二，通过劳动密集型的维修体系和重复使用体系，可提高社区重复使用和修缮物料的能力，促进工作和就业，押金返还计划就是很好的例子，因为它包括收集和清洗的工序，所以可创造新的本地岗位；其三，循环再生工作也是劳动密集型的，因为废弃物分类收集会让产业界萌生对清洁再生材料的期望，而这一过程需要的人工管控程度较高。

●零废弃将社区凝聚在一起。社区堆肥、维修“咖啡馆”、用超市丢弃的食物烹饪等都是有助于社区团结一体、培养韧性的零废弃活动。

（三）环境与健康

当前的商品分销链是全球性且相互联系的，它以我们从未见过的速度促进病毒和其他病原体的传播。新冠疫情[30]是一个很好的例子，说明如果我们继续让充斥着一次性物品使用的即用即扔型经济运作下去，并且扩散至全球，未来会有什么等待着我们。

零废弃方案有助于促使我们的社会和经济从一个无法追溯一次性包装是否安全的体系，转型到一个完全透明且供应商能保证产品和包装[31]质量的体系。

零废弃政策可以从根本上减少塑料污染及其对环境和健康的影响。通过倡导零废弃的生活方式，我们支持本地社区生产的时令食品，这些食品需要的防腐剂更少、包装物更少，从而鼓励社区居民养成健康的习惯。

得益于零废弃制度设计（如押金返还计划等）及其他逆向物流业务的经济激励，垃圾的排放量已大大减少，我们有了更清洁的自然和公园。基于可重复灌装

29　https：//www.ecocyclesolutionshub.org/about-zero-waste/jobs-eco-impact/。

30　https：//zerowasteeurope.eu/library/faq-on-covid-19-and-zero-waste/。

31　https：//zerowasteeurope.eu/library/reusable-packaging-and-covid-19/。

或可重复使用包装的零废弃方案，往往会产生经济市场中最洁净的部门，因为其运营的能力投入和焦点在于洗涤和消毒。

零废弃意味着减少垃圾填埋场和焚烧厂的污染及温室气体排放。如今，气候变化[32]是人类和整个地球最紧迫的问题之一。地球变暖的加速及其将对社区造成的破坏性影响，是由于排放到环境中的温室气体的量在增加，而主要的温室气体是二氧化碳、甲烷和一氧化二氮。

通过采纳零废弃方案，城市和社区可以采取措施立即减少温室气体排放。例如，燃烧废弃物产生的能量不仅已被证明是能源输入密集型且低效[33]的，还对我们2050年以前减少温室气体排放和实现净零碳经济的努力有严重的负面影响。

垃圾填埋也同样会促使大量甲烷和二氧化碳向环境排放。因此，通过采纳零废弃方案消除对焚烧和填埋的需求，可以成为城市和社区有效减缓气候变化计划中的一个关键组成部分。同时，在循环经济中保留物质和资源价值的政策也可显著减少产品生命周期早期——在其成为废弃物之前——的温室气体排放，继而消除为制造一种新产品或材料而增加的原料开采和化石燃料提炼活动及相关排放。最后，通过家庭和社区堆肥计划，垃圾转移到城镇外的需求降低，而产生的肥料也可以在本地消纳；同时，因为需要运输的废弃物变少，垃圾车造成的交通问题和排放也减少了。

二、零废弃城市节省计算器

在节约成本和减少温室气体排放方面，希望直观地看到采纳零废弃战略可能给市政当局带来的好处吗？通过转向零废弃战略，市政当局可以立即开始降低其

32 https：//zerowasteeurope.eu/climate/。

33 https：//zerowasteeurope.eu/2019/09/the-impact-of-wte-on-climate/。

废弃物管理成本。零废弃城市节省计算器34（Zero Waste Cities savings calculator）是由无国界生态学家会员35 在“Erasmus+”项目合作期间创建的，它的设计目的是帮助人们直观了解应用零废弃政策可以给本地带来的好处。

只需输入一些关于自己所在城市或城镇的人口和零废弃计划目标的简单信息，以及当前废弃物产生和管理水平（包括成本）的关键数据，计算器就能自动显示所在城市的成本节约潜力，并以此将它与欧洲参照城市的现实状态进行比较。

三、零废弃是实现欧盟关键目标的方法论

欧盟政策虽然有时是政治敏感话题，但它确实与地方事务极其相关，也往往被印证为是促使市政当局下决心从过时的垃圾处理方式转向零废弃方案的动因。将欧盟在布鲁塞尔确定的目标和要求转化为社区内的落地政策和战略，对于确保各国政府实现被要求达成的目标至关重要。

目前欧洲的零废弃城市经常成为所在国的典范，并为其他地区提供方法和路径示范，以帮助整个国家履行欧洲立法。例如，得益于高效的路边分类收集系统，这些城市的循环再生率经常可达70%及以上。

零废弃计划的许多关键组成部分正日益被欧盟立法确认为向循环经济转型的重要工具。例如，有效地分类收集塑料可以增加市场上再生材质包装的数量，押金返还计划可以帮助落实《一次性塑料指令》，增加对可重复使用产品的收集将使市政当局更容易达成第二个循环经济行动计划所列的废弃物预防目标。

随着残余废弃物数量的减少，市政当局可减少来自对环境有害的废弃物处置方式的温室气体排放量，并以此更积极地帮助各国政府实现欧盟的脱碳目标。

---

34 https：//zerowastecities.eu/academy/savings–calculator/。

35 https：//ebm.si/en/。

欧盟政策也可成为市政行动的催化剂，因为它所设定的目标只是最低限度的要求，对现有制度的进一步追求和改进则应当在地方层面得到积极的鼓励。

要想进一步了解零废弃如何与碳中和未来相辅相成，请查看我们的气候、能源和空气污染相关主题的资料库[36]。

第三部分　从哪里开始

现在，您已经了解了什么是零废弃，以及零废弃方案可以给市政当局带来的好处，是时候开始思考零废弃战略在社区中该如何实施了。这可能是一项艰巨的任务，而且往往不清楚从哪里开始。因此，我们编写了以下章节，作为一个实用模板帮助您开始思考本地零废弃计划中将采用哪些政策，并就如何克服市政当局经常面临的一些挑战提出建议。

一、开始前的问题

在这里，您可以了解零废弃专家在市政当局工作启动时通常会提出的问题。为了理解零废弃项目涉及的不同基本参数，请牢记这些问题。通过依据获取的数据和信息来回答以下10个方面的问题，就可以开启您所在地区零废弃战略的开发之旅。

36　https：//zerowasteeurope.eu/library/ ？ fwp_library_programmes=climate-energy-and-air-pollution。

1. 废弃物的生成

●您的城市产生了多少垃圾？（可用垃圾产生总量和每人每年产生垃圾千克数来表示）

2. 能力

●市政当局是否有能力和资源开展废弃物收集？

3. 废弃物的组成

●典型的残余垃圾是什么？

●您知道有多少垃圾是可回收的吗？

●有多少可回收物最终作为残余垃圾被扔进垃圾箱？

4. 分类收集

●您所在的城市的分类收集率（%）是多少？

●没有分类收集的废弃物会如何处理？

●您知道被收集起来的不同类别的废弃物接下来会进行怎样的处理吗？

●实际得到循环再生的废弃物的数量/体积有没有数据统计？

5. 有机废弃物的管理

●市政当局是否单独收集有机废弃物？

●如果是，污染程度如何？（有机废弃物中杂质的占比）

●城市有堆肥厂吗？

●市政当局是否制定了鼓励家庭和社区堆肥的制度？

6. 废弃物预防

●市政当局有废弃物预防计划吗？

●市政当局在采取废弃物预防措施方面有哪些权力？

●市政当局是否有权禁止市场上某些产品或材料的交易（如塑料袋）？

7. 修理与重复使用

●城市里有多少重复使用/ 维修中心?

●有多少企业在市内开展促进维修和重复使用的活动?

8. 合同义务

●市政当局是否与废弃物处理设施/运营商签订了长期合同?

9. 处置成本

●混合垃圾处置的入厂（场）费是多少?（向处置设施支付一定数量废弃物的处理押金）

●市政当局有权修改这个价格吗?

10. 合同义务

●人均废弃物管理成本是多少?（每人每年多少欧元）

●市政当局设置了垃圾焚烧税和/或填埋税吗?

关于这些问题，如果还需要其他信息可通过cities@zerowasteeurope.eu联系我们的团队。

二、开始时的可能情景

从零开始实施零废弃计划可能看起来令人生畏或过于复杂。或许，您可能已经通过成功实施分类收集和废弃物预防措施开始尝试零废弃，但需要寻找进一步的灵感，以提高社区向循环经济转型的速度和效率。

无论您的出发点是什么，欧洲零废弃都能给予帮助。

以下7种情景涵盖了市政当局在决定如何实施零废弃战略时最常遇到的情况。

情景1 “我的城市正在从零开始”：

●我们没有由我们自己产生的废弃物和潜在的预防政策的信息；

●公民和企业没有减少垃圾产生或做好材料分类的经济动机；

●我们还没有实现分类收集；

●我们没有用于材料收集和处理的任何基础设施。

情景2　“我们已经迈出了第一步”：

●我们已经采取行动制止了一些浪费的一次性物品；

●我们有分类收集，但结果仍然令人失望，分类收集的比率较低和/或每类废弃物中的材料污染水平较高；

●公民和企业没有减少垃圾产生或做好材料分类的经济动机；

●我们有一些基础设施，但是还不够。

情景3　“我们可能处于欧洲平均水平，但我们的城市近年来几乎没有改善”：

●我们已通过了禁止使用塑料袋的法案，并正在考虑采取其他措施减少一次性物品的使用；

●我们没有废弃物预防计划或执行不力；

●我们有分类收集，但不够优化，分类收集率在40%～60%；

●公民和企业没有减少垃圾产生或做好材料分类的经济动机；

●我们的处理成本在50欧元/t以上。

情景4　“我们正在达到欧盟的循环再生目标，但我们希望超越此目标”：

●我们的城市残余垃圾产量低于100 kg/（人·a）；

●我们的分类收集率超过60%，其中包括有机物的分类收集；

●我们制定了废弃物预防计划并鼓励公民减少产生垃圾；

●我们优化了分类收集方案；

●我们的废弃物处理成本超过70欧元/t。

情景5（特殊情景）　“我们需要从焚烧转型到低碳替代方案”：

●我们要给能源脱碳，因为它是我们本地/国家气候议程的一部分，而此过程需要消除源自在焚烧厂或水泥窑中燃烧废弃物的碳排放；

●为处理废弃物，我们拥有废弃物热处理设施或与此类设施签订了不可变更的合同；

●我们拥有源头分类体系且在运作，但远未达到2030年欧盟的循环再生目标。

情景6（特殊情景） “我们是度假或旅游目的地”：

●我们的城市处于上述情况之一，但我们面临的挑战是人口波动，因为它是季节性目的地；

●我们的城市处于上述情况之一，但我们面临的挑战是游客涌入。

情景7（特殊情景） “我们位于偏远的农村地区或岛屿”：

●我们的城镇处于情景1～情景6其中之一，但面临着与土地或人口稠密地区相对或完全隔绝的额外挑战。

特殊情况：情景5～情景7建立在前4个情景的基础上，但为更多不同环境和背景下的市政当局提供了路线图。这些城市、地方虽然已经意识到需要摆脱对焚烧的依赖以减少温室气体排放，但往往面临某些特殊情况，如位于偏远或岛屿的位置，或者需要接受季节性的游客涌入，而这种季节性人口波动本身就会带来一系列挑战和机遇。

在上述每种情景下，您都能找到一张路线图，其中概述了市政当局在特殊情况下可以采取的一些步骤，以提高其零废弃计划的成效和雄心。我们还会展示成功实施零废弃战略和政策的城市的最佳示例。本工具的目的是，确定哪种情景最能描述您所在城市的情况，概述特定情景所对应的典型路线图，让您在零废弃之路上迈开第一步。

（一）情景1：“我的城市正在从零开始”

1. 我们在哪里

到目前为止，我们所在的城市一直在清理街道上的垃圾，但城镇里唯一的循环再生工作是由最近才成立的回收公司或社区内的非正规部门完成的，并且只管理那些有市场价值的物品。我们离欧盟的循环再生目标还有很长的路要走，我们不知道从哪里开始，而且乱扔垃圾也是一个现实问题。

2. 机会

然而，正是由于刚刚开始，我们才有机会，也有意愿从一开始就把事情做好，并从别人的经验中学习，以便跨越到一个新的情景中。我们相信循环经济是前进的方向，希望挖掘城市内尚未开发的潜力。在欧洲零废弃的支持和工具的帮助下，我们希望为未来10年制订良好的废弃物管理计划，并推行不同的废弃物收集和预防措施，以期在未来3年内取得良好的成效。

3. 我们需要克服的挑战

“我们只是不知道如何开始。”这就是制订本规划及开发更多行动资源的目的。本规划将帮助您确定您所处的位置及未来的主要挑战。基于我们多年的经验和从最成功的欧洲城市学到的方法，我们是您在起步阶段最适合的助手，可以确保您走在正确的方向上。

“废弃物末端处置的成本如此之低，以至于我所在的城市几乎没有动力在垃圾收集和循环再生上花钱。”垃圾处置的低成本是一个现实问题，但随着欧洲立法的实施和垃圾填埋场被填满，这一问题的重要性在未来几年势必会上升。零废弃是一个展望未来并向最现代的废弃物管理系统跨越的机会。

“我们没有钱用于投资分类收集。”废弃物预防措施可以减少街道清洁成本并缩小垃圾箱尺寸，而且不需要花钱。有效的预防政策所节省的成本可以成为废弃物收集计划的启动资金。追求零废弃需要初始投资来改变整个体系并规划一些基础设施。然而其他城市已经证明，这种初期投资在短时间内就能获得回报，用1～2年的时间城市垃圾管理的运营成本就会下降。

“我们缺乏实施这一计划的政治意愿/远见。”没有政治驱动，变革就不会发生。理想情况下，零废弃的愿景需要由市政当局和/或民间社会共享。如果情况并非如此，那么组织和发动就很重要。在借鉴其他城市经验的基础上，本规划所含的一些策略可以帮助形成正确的政治压力，并使改变成为可能。

“零废弃计划应该包括什么？”在这个阶段，您需要确保该计划包含短期和长期的里程碑。这些里程碑应涵盖具体的工作计划，如构建废弃物分类收集系统，在一次性物品使用方面引入预防政策，使重复使用和维修中心蓬勃发展，规划基础设施，确保向残余垃圾产量逐步减少的状态平稳转型（避免被某种技术路线锁定的潜在风险）。

“我们镇上的循环再生工作都是由非正式的回收者来完成的，他们会怎么做呢？”非正式的回收者具有非常宝贵的经验，这应该是新的零废弃计划的一种资产。零废弃计划将使他们参与其中，并将潜在问题转化为新模式中的有利条件。

4. 案例：卢布尔雅那的故事[37]

斯洛文尼亚于2004年加入欧盟，它是从零开始的。在其44万人口的首都卢布尔雅那，大部分垃圾直接被送到填埋场。得益于公共废弃物处理公司Snaga的承诺、民间社会的监督及地方当局的决心，他们开始推出分类收集计划，而不是投资于昂贵的大型基础设施。10年后，卢布尔雅那成为欧洲表现最佳的首都和欧洲绿色首都（European green capital），这在一定程度上要归功于其良好的废弃物管理计划（图12）。

您想直接了解卢布尔雅那如何取得令人瞩目的成果，以及其他欧洲前沿城市如何实施零废弃吗？加入未来的零废弃研习之旅[38]，了解欧洲城市如何成为零废弃的全球领导者。

先睹为快，这就是最近在斯洛文尼亚发生的事情（图13）。

37　https：//zerowastecities.eu/bestpractice/best-practice-ljubljana/。

38　https：//zerowastecities.eu/zero-waste-study-tours-experience/。

图12 卢布尔雅那：10年之内从落后的城市变为欧盟绿色之都

（资料来源：Amel Majanovic on Unsplash）

图13 2019年斯洛文尼亚不同地点零废弃研习之旅

（资料来源：Tjaša Frida Jenko – Fridizia）

（二）情景2："我们已经迈出了第一步"

1. 我们在哪里

我们在路边安装了垃圾箱，并且进行了几次失败的宣传活动，要求人们负责任地消费，但是人们并不合作，看来我们将无法实现欧盟的循环再生目标，而且我们也不知道该如何进行下去。垃圾循环再生率低，大多数被填埋或焚烧。

2. 机会

在欧洲零废弃的支持下，我们将打破僵局，针对最容易被乱扔的垃圾制订治理计划，创建用于重复使用和维修的基础设施，制订计划推行有效的分类收集，大幅减少对末端处置的依赖。最后，我们期望看到公民参与的增加，废弃物的管理成本和环境影响的减少。

3. 我们需要克服的挑战

寻求政治支持以开始变革。没有政治意愿和/或政治压力，什么都不会改变。很重要的一点是，政府中应该有人来领导转型，或者发起一项强大的民间社会运动，推动政府致力于实施零废弃计划。

为城市制订零废弃计划。制订一项零废弃计划是使民间社会和政策制定者共同参与这一进程的最佳途径。该计划包括短期和长期的里程碑，涉及分类收集、预防策略、基础设施规划，以及确保向残余垃圾产量逐步减少的状态平稳转型，避免潜在的技术锁定状态。

承诺的标志——禁止典型的一次性物品。重要的是要向人们表明实现零废弃的政治意愿，如以立法方式落实对社会共识度高的一个或多个典型一次性用品（如塑料袋或塑料吸管）的禁限行动。这也将使您的市政当局符合欧盟新的《一次性塑料指令》[39]的要求。

---

39 https：//rethinkplasticalliance.eu/wp-content/uploads/2019/10/2019_10_10_rpa_bffp_sup_guide.pdf。

瞄准占比最多的废弃物——生物质废弃物。在欧洲，食物垃圾和园艺垃圾占城市固体废弃物的25%～50%，它们也是固体废弃物管理的基础；如果能通过家庭和社区堆肥及专门的分类收集妥善处理生物质废弃物，就可以将这类废弃物的大部分解决好，并使其他类别废弃物的质量和整个系统的经济效益成倍增加。做正确的事情并不是什么高深莫测的科学，但它需要可靠的承诺来实现。

签署“照付不议”（putor pay）合同还是获取处置基础设施的所有权。许多城市陷入废弃物处理合同的困局，因为这些合同要求市政当局每年向焚烧厂、填埋厂或机械生物处理厂[40]（mechanical biological treatment plants）供应一定数量的废弃物。因此，需要制订一项计划来规避这一危险的义务，并允许该城市向零废弃迈进。

4. 案例：阿亨托纳的故事[41]

“拓荒者的道路总是艰难的。”这句话很适合阿亨托纳（Argentona）的经历（图14）。直到2004年，拥有1.2万人口的西班牙加泰罗尼亚地区的阿亨托纳小镇还继续在分类收集路边容器中的玻璃、纸张、轻质包装和混合垃圾，但收效甚微，其循环再生率稳定处于20%以下，80%以上的垃圾被送到了附近的马塔罗（Mataró）焚烧厂。

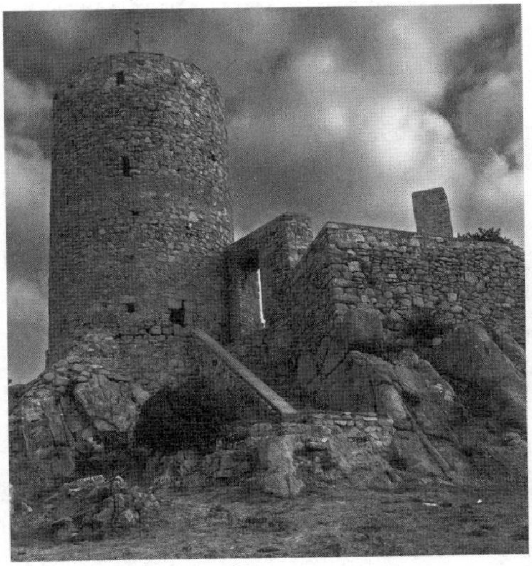

图14　阿亨托纳：拓荒者的道路总是艰难的

（资料来源：Tjaša Frida Jenko – Fridizia）

40　https：//zerowasteeurope.eu/library/building-a-bridge-strategy-for-residual-waste/。

41　https：//zerowastecities.eu/bestpractice/best-practice-the-story-of-argentona/。

多亏一群有担当的居民被选举进入当地的零废弃合作平台，并带来了更好的愿景，该镇改变了资源管理的方式。在不到3年的时间里，它的循环再生率提高到70%以上，并使送到焚烧厂的混合垃圾减少了一半以上。

阿亨托纳为许多其他加泰罗尼亚城镇铺平了一条可以跟随的道路。

（三）情景3："我们可能处于欧洲平均水平，但我们的城市近年来几乎没有改善"

1. 我们在哪里

我们有一套可以实现分类收集的运作系统，但是在混合垃圾中仍可以发现大量可回收物。我们仍将大部分垃圾送至末端处置部门，而且分类收集的部分质量仍然很低。我们尚未尝试或未能成功地采取废弃物预防政策，并且我们几乎没有动力去改变现状，这是由于与末端处置设施签订了服务锁定的合同，或与末端处置相比循环再生处理没有竞争力。

2. 机会

我们希望确保实现欧盟2025年的目标，并需要开始朝着欧盟为2030年制定的更宏伟的目标努力。现在正是为我们城市的一项新资源管理计划奠定基础的恰当时机。

3. 我们需要克服的挑战

在欧洲零废弃的支持和其工具的帮助下，我们要做的第一件事就是专注于优化分类收集，从根本上提高可回收物的数量和质量，并制定一个良好的废弃物预防策略。

寻求政治支持以开始变革。没有政治意愿和/或政治压力，什么都不会改变。很重要的一点是，政府中应该有人来领导转型，或者发起一项强大的民间社会运动，推动政府致力于实施零废弃计划。

为城市制订零废弃计划。制订一项零废弃计划是使民间社会和政策制定者共同参与这一进程的最佳途径。该计划包括短期和长期的里程碑，涉及分类收集、预防策略、基础设施规划，以及确保向残余垃圾产量逐步减少的状态平稳转型，避免潜在的技术锁定情况。

瞄准占比最多的废弃物——生物质废弃物。在欧洲，食物垃圾和园艺垃圾占城市固体废弃物的25%～50%，它们也是固体废弃物管理的基础；如果能通过家庭和社区堆肥及专门的分类收集妥善处理生物质废弃物，就可以将这类废弃物的大部分解决好，并使其他类别废弃物的质量和整个系统的经济效益成倍增加。做正确的事情并不是什么高深莫测的科学，但它需要可靠的承诺来实现。

签署“照付不议”合同还是获取处置基础设施的所有权。许多城市陷入废弃物处理合同的困局，因为这些合同要求市政当局每年向焚烧厂、填埋厂或机械生物处理厂提供一定数量的废弃物。因此，需要制订一项计划来规避这一危险的义务，并允许该城市向零废弃迈进。

4. 案例：蓬特韦德拉的故事[42]

西班牙蓬特韦德拉省（Pontevedra）由61个市镇组成，长期以来一直实行低效的废弃物管理制度，只有9%的废弃物获得分类收集，其余的91%不得不运到100 km之外被焚烧或填埋。

为了摆脱这种不可持续、集中式和昂贵的废弃物管理系统，同时确保遵守欧盟的循环再生义务，该省启动了一个名为“Revitaliza”的项目，通过考虑以下3个关键因素，建立了一个分散的由社区主导的生物质废弃物堆肥系统（图15）：

●每座城市内堆肥地点的选择应适应当地的特定需求和环境；

●通过使用移动应用程序设计并实现有效的监控系统，该实时监控系统对确保项目成功起到了很大的作用，因为它可以有效地快速识别并解决整个运作阶段

42　https：//zerowastecities.eu/bestpractice/the-story-of-pontevedra/。

图15　蓬特韦德拉：聚焦生物质废弃物

（资料来源：Pierre Condamine – 欧洲零废弃）

出现的问题；

●为每个社区量身定制强有力的沟通计划，以提高公众对食物和园艺垃圾就地堆肥处理的意识和理解，此过程可依托新的社区中心得以实现。

2019年，蓬特韦德拉省仅用3年时间，就在2/3以上的城市成功推广该项目，取得了令人印象深刻的成果。

（四）情景4："我们正在达到欧盟的循环再生目标，但我们希望超越此目标"

1. 我们在哪里

我们相信，零废弃计划的所有基本要素均已落实到位，尽管仍需通过一些必要步骤来达到最佳效果，以及充分利用零废弃计划在更大范围带来的完整收益。

2. 机会

在欧洲零废弃的支持和其工具的帮助下，我们希望将重点放在减少垃圾产生、优化垃圾分类和就近管理上。我们的重点是减少残余垃圾，并以kg/（人·a）为单位进行计算。

3. 我们需要克服的挑战

为未来几年制订一项持续减少残余垃圾的计划。由于我们的残余垃圾已低于100 kg/（人·a），因此需要仔细研究残余垃圾中仍然存在的东西，并设计有针对性的措施——用新的商业模式替代旧的产品，或者找到新的方法来收集和再生我们过去无法再生利用的物质。该计划需要将残余垃圾产生量的中期目标设定在低于50 kg/（人·a），并力争在未来几十年内几乎完全淘汰垃圾填埋场和焚烧厂。

与民间社会和当地企业建立协作关系，通过生态设计将废弃物排除在系统之外。城市在管理资源方面可以做很多，因为生产商目前可以自由出售不可持续的产品和/或包装，而不必关心一旦它们变成废弃物该如何进行管理。可以通过本地解决方案和新的商业模式有效地利用各种资源，并逐步淘汰当地零废弃系统无法处理的材料和产品。

4. 案例：孔塔里纳的故事[43]

俗话说："卓越就是把平凡的事情做得特别好。"这正符合一家名叫孔塔里纳（Contarina）的上市公司的故事（图16）。这家公司位于意大利北部的普利拉（Priula）和特雷维索（Treviso）地区，该地区有55万人口。尽管长期处于领先地位，孔塔里纳公司并没有满足于现状。21世纪初，孔塔里纳服务区域的循环再生率已超过50%，但其仍致力于将残余垃圾减少到最低限度。

43　https：//zerowastecities.eu/bestpractice/best-practice-the-story-of-contarina/。

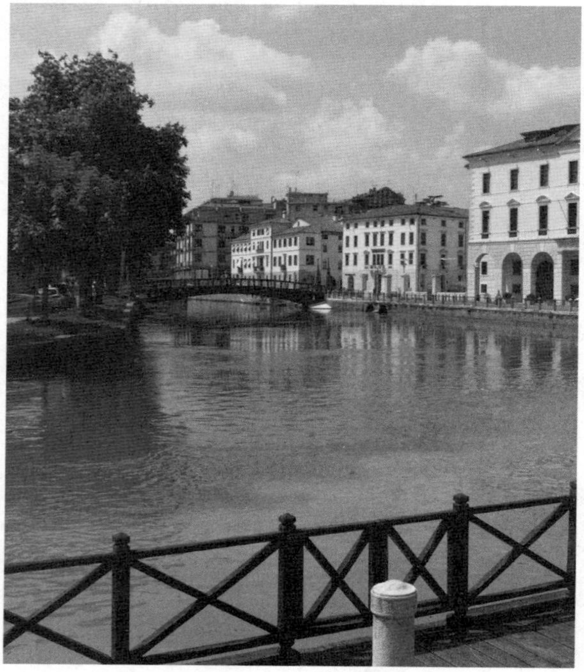

图16　孔塔里纳公司：把平凡的事情做好

（资料来源：Boris Maric，Riviera Garibaldi，vista dell'ex-ospedale e del ponte dell'Università）

到2015年，孔塔里纳已经分类收集了超过85%的垃圾，服务区每人每年产生的残余垃圾不到60 kg，同时其废弃物管理系统的运营成本是整个意大利最低的，并创造了更多的绿色就业机会。

尽管孔塔里纳公司在废弃物管理方面是欧洲表现最好的公司，但它的目标还在提高。它为自己设定的目标是到2022年达到96%的循环再生率和人均每年10 kg的残余垃圾，与其本已获得的巨大成果相比还要减少80%。

（五）情景5（特殊情景）："我们需要从焚烧转型到低碳替代方案"

1. 我们在哪里

我们有一套运行良好的分类收集系统，但在混合垃圾中仍然发现了大量可回收物。我们仍然将大量废弃物送往末端处置设施或将其出口到国外。由于与处置设施签署的合同有锁定效应，我们几乎没有动力改变现状。然而，我们的国家政府已经通过了一项富有雄心的脱碳议程，这将意味着在未来几十年内结束垃圾焚烧。此外，随着可再生能源取代煤炭和天然气发电厂，垃圾焚烧产生能源的清洁度从气候角度来看只会变得相对恶化。

2. 机会

全世界的公民，特别是我们城市的公民，要求就气候危机采取行动，我们希望在这方面有所作为。废弃物管理与气候议程的协同意味着需要为我们的市政当局规划一套讲求综合性和整体性的资源政策。零废弃和净零碳计划将成为我们未来几十年城市规划的支柱。

3. 需要克服的挑战

为了摆脱焚烧和其他类型的碳密集型处置方案，我们需要减少废弃物产量并提高收集系统的有效性。此外，我们需要建设新的基础设施或改造旧的基础设施，从残余废弃物中回收材料，并对最后的剩余物进行生物稳定处理，从而使甲烷产量能显著减少90%以上。

寻找政治支持开始变革。没有政治意愿和公民要求政治变革的压力，一切都不会取得进展。尽管公民要求采取气候行动，甚至国家立法，要求朝这个方向前进，但我们需要政府中有人来领导转型或发起强大的民间社会运动，以推动政府承诺采纳零废弃计划，逐步淘汰各种废弃物燃烧处置方式。

为城市创建零废弃计划。制订一项零废弃计划是将民间社会和政策制定者聚集在一起以实现共同拥有感的最佳方式。该计划包括短期和长期里程碑，内容涉及预防产生和重复使用策略，分类收集体系重组及基础设施规划。有了这个计划，需要处置的废弃物量可以大大减少，从而使当前大量的废弃物处置能力变得不再必要。

签署“照付不议”合同还是获取处置基础设施的所有权。许多城市陷入废弃物处理合同的困局，这些合同要求市政当局每年向焚烧厂、水泥窑和其他废弃物燃烧处置设施供应一定数量的废弃物。所有合同都有自己的细节且总有办法摆脱它们，即使在最坏的情况下，工厂也会折旧或其合同会到期。因此，市政当局需要规划过渡方案，以便在焚烧处置停止时可以用低碳技术将其替代。

能达到欧盟要求的焚烧替代技术。根据欧盟的要求和最新立法，市政当局需大幅减少垃圾填埋量，目标是到2035年减少10%；一些国家的立法则更为进步，禁止填埋任何具有一定热值或生物活性的废弃物。一套先进的机械生物处理技术系统——材料回收和生物处理[44]（material recovery and biological treatment）——能够从混合垃圾中分拣出有价值的材料，并确保残余物的生物活性低于欧盟垃圾填埋指令规定的阈值，以便安全填埋。该系统比不同种类的焚烧技术更灵活、适应性更强、成本更低，也能更快地构建起来，即便需要延续现有的基础设施，也是如此。

4. 案例：贝桑松的故事[45]

法国贝桑松（Besançon）及其周围地区有22.5万人口，其中一半居住在人口稠密地区。2008年以前，当地的垃圾由一座配置了2台不同型号焚烧炉的焚烧厂处置，其中1台炉子建于1975年。2008年，贝桑松及其周边城市决定开始淘汰焚烧处置，关闭旧焚烧炉，一项基于广泛使用分散式堆肥和按量收费的计划使他们走上了零废弃的道路（图17）。

图17　贝桑松：摆脱焚烧

（资料来源：Wikipedro，Ensemble architectural du Quai Vauban à Besançon）

44　https://zerowasteeurope.eu/library/building-a-bridge-strategy-for-residual-waste/。

45　https://zerowastecities.eu/bestpractice/besancon/。

（六）情景6（特殊情景）："我们是度假或旅游目的地"

1. 我们在哪里

我们所在的城市有很强的季节性，因为它是当地人的度假目的地，或者一年中的某些月份游客人数众多。在淡季，这里的废弃物管理系统或多或少发挥了作用，但当游客到来时，我们缺乏解决暂时人口过多问题的计划。

2. 机会

"绿色"不仅有利于环境和我们的公民，而且是为我们的旅游业增加价值的一种方式。借助本规划，我们旨在制订一项计划，让季节性游客参与到分类垃圾和预防产生的工作中来，即使他们在家里并没有这样做。

3. 我们需要克服的挑战

无论城市目前拥有哪种废弃物管理系统，我们都需要对其重新审视并着手优化，以设计出一套与季节性变动或大量涌入游客相适应的系统。

需要对游客进行教育吗？游客不会停留很长时间，与他们的交流不应与居民的交流相同。关键是设计出易于理解、易于执行的系统和交流方式。把游客经常光顾并产生废弃物的地方——旅馆、酒吧、餐馆等——作为目标是很重要的。

收集的途径和频率需要与废弃物产生的波动相匹配，并进行调整以鼓励回收利用。零废弃计划内的灵活性是其成功的关键，可通过利用本规划和持续分析城市废弃物的成分查明反复出现的问题物件并制定相应的解决办法来实现。还应该在社区周围开展意识传播和信息沟通，以鼓励游客和居民对产品进行重复使用，同时重点通告公众能够参与重复使用活动的具体地点和业务，如可重复灌装的水站或押金返还计划。

4. 设计一项零废弃计划

该计划应包括减少废弃物产生和分类收集最大化的措施。应制订一项专门的废弃物预防计划，其中包括遏制一次性产品和包装、为公共饮水点供水、减少食物浪费、推广本地产品等措施，这些将是减少废弃物产生的关键。

5. 案例：撒丁岛的故事[46]

这个位于地中海的梦幻旅游胜地——意大利撒丁岛，在充满挑战的情况下已经引领了一项零废弃计划（图18）。得益于政治意愿、民间社会参与和最佳专业技术的应用，撒丁岛是意大利过去10年来分类收集增长最快的地区。现今该岛的分类收集率达到60%（在其中一些城镇达到80%～90%），并且产生的废弃物总量很少。

图18　撒丁岛：旅游岛屿和零废弃

（资料来源：Yahima Hernandez Cruz on Pexels）

（七）情景7（特殊情景）："我们位于偏远的农村地区或岛屿"

1. 我们在哪里

我们远离人口稠密的地区。这意味着在其他地方有效的方法在我们这里

46　https：//zerowastecities.eu/bestpractice/the-story-of-sardinia/。

可能不起作用或者成本更加昂贵。偏远地区——包括小规模的封闭系统（如小岛）——也面临着与大多数城市不同的挑战，具体情况可能会因不同情况而有所不同。这些社区可能必须采用真正的本地解决方案，使用高度优化的收集系统进行回收。

2. 机会

我们希望建立一套高效、低成本、分散化且符合我们现实情况的系统。我们需要灵活的零废弃计划，以满足我们当地的环境需求。

3. 我们需要克服的挑战

创建一种经济和环境可持续发展的体系。我们社区的位置偏远意味着只要我们产生的垃圾越少，需要运输的垃圾也就越少，相关的成本就越低。这可以通过一项良好的政策来实现：替代一次性物品和包装，有机废弃物的本地管理，以及能够收集和存储无法在当地处理的废弃物的良好系统。

生物质废弃物管理。像其他地方一样，废弃物中最重要的部分是生物质废弃物，它的产生密度和生物活性高，在转移之前不可能储存很长时间，并且几乎每天都将其运送到大型生物质废弃物处理设施也不具有经济意义。因此，在本地处理生物质废弃物是最经济、最环保的选择。是否通过家庭堆肥、社区堆肥或厌氧消化进行处理，取决于当地条件。

管理干垃圾。如果生物质废弃物得到分类收集和管理，则可以减少收集和处理其他大部分废弃物的频率，直到累积量达到可运输到较远分拣设施的合理水平。

处理有问题的废弃物类别。废弃的妇女卫生产品和尿失禁产品是很麻烦的一类垃圾，由于其具有生物活性，很难在家中或村庄/岛屿中存储。因此，需要采取切实可行的措施来预防和管理这类废弃物，如用可重复使用的产品替代，也可以在暂存之前进行消毒/稳定处理。

4. 案例：塞拉西亚的故事[47]

位于罗马尼亚西北部的塞拉西亚市（Sălacea）不仅在短短3个月内实现了从几乎不回收利用任何垃圾到循环再生率达40%的快速发展，同时也使社区垃圾产生量减少了55%（图19）。通过与欧洲零废弃和罗马尼亚零废弃（Zero Waste Romania）合作，塞拉西亚当局开启了向零废弃迈进的历程：

●完成5种废弃物的上门分类收集，包括生物质垃圾；

●与本地利益攸关方，主要是废弃物分拣和处理作业区域运营商EcoBihor进行了强有力的接触和合作；

●为市民提供为期四周的全面教育项目，同时制定有效的沟通战略，向当地社区通报信息并使之参与进来。

图19　塞拉西亚：一个小农村的冠军

（资料来源：开源）

47　https：//zerowastecities.eu/bestpractice/the-story-of-salacea/。

3个月后，塞拉西亚获得了非常出色的成果：

●废弃物总产量从106.7 t下降到47.93 t，降幅55%；

●送往填埋场的垃圾量从105 t（占废弃物总产量的98%）急降至26.3 t（占废弃物总产量的55%）；

●分类收集的废弃物从1%上升到61%；

●当地公民参与率从8.4%增至97%。

我们知道每座城市的情况都不一样。我们可以帮助您进一步分析情况，并识别出制订本规划所需采取的关键步骤，以产出根据您本地需求和背景而量身定制的零废弃计划。请联系cities@zerowasteeurope.eu。

第四部分　后续行动

从本规划的开头读到现在，您应该可以很好地了解零废弃究竟是什么，包括其新趋势及欧盟废弃物和循环经济立法与之相关的部分。您应该已了解到零废弃方案在得到有效采用后能为社区带来的经济、社会和环境效益。此外，您应该可以开始考虑您所处的市镇需要通过哪些方法和切入点来开启零废弃之旅，并同时充分考虑本地具体的社会和自然环境。

本规划已经被设计为您开启零废弃之旅的一个切入点。我们又在其基础上开发了几个资源工具，帮助指导地方层面零废弃战略的设计、实施、监测和评价。这些资源工具以您已经掌握的知识为基础，提出了简单且易操作的建议和模板，还有帮您界定工作内容的工具。

所有这些都可以在欧洲零废弃学院（Zero Waste Europe Academy）[48]网站找到。

一、欧洲零废弃学院

鉴于零废弃和循环经济意识已在不断提高，目前更为重要的是，市政当局和社区利益攸关方需掌握正确的知识、资源和经验，开始实施有影响力的零废弃政策。

在欧洲零废弃学院，您可以找到先进的工具、资源及正在推动欧洲向零废弃转型的幕后专家，它可以帮助您在未来成功实施零废弃战略。利用我们过去10年一直站在欧洲零废弃运动前沿的经验，欧洲零废弃学院旨在支持所有决意减少及预防本地社区废弃物产生的人及其行动。

学院由在线平台、线下工作坊和学习之旅组成。我们的在线平台有很多指南、视频和录音音频，让您有机会参与前沿的“Zero Waste Live！”[49]系列网络研讨会。在这些研讨会中，我们会召集先锋式的思想创新者和实践者一起讨论当下零废弃领域最为重要的话题。

欧洲零废弃学院不仅有在线课程，还可以将其直接带到您的身边和您的社区。构建这所学院是为了提高欧洲变革者的意识，并增强他们在地方层面落实减少和预防废弃物产生政策和战略的能力。

通过欧洲零废弃的工作人员和我们的专家网络，我们得以组织学习之旅[50]。这个系列活动召集处在领跑位置的欧洲零废弃城市团队，一起从当今最成功和最

48 https：//zerowastecities.eu/zw_academy/。
49 https：//zerowastecities.eu/webinars/。
50 https：//zerowastecities.eu/zero-waste-study-tours-experience/。

有效的案例中学习。学院还会根据您的需求和请求组织面对面工作坊[51]，邀请欧洲零废弃网络内的专家协助您来设计制定实施方案。

因此，如果您需要得到诸如如何实施分散式堆肥系统、如何应用零废弃商业模式及零废弃计划中应包含哪些内容等方面的支持和指导，欧洲零废弃学院应该是您搜索的第一站。

无论您是市政官员、废弃物管理专业人员、民间社会组织、学校、企业、活动组织者，还是想要做出改变的个人，都能在欧洲零废弃学院找到适合的东西。

二、零废弃城市认证和为欧洲最佳零废弃实践树立标杆

“零废弃”一词在当今社会越来越多地被使用。从酒店到节日，从咖啡馆到城市，由于人们越来越意识到经济模式需要向闭合循环的方向转变，因此“零废弃”正成为一个越来越普遍的术语。零废弃的普及和意识提升是值得庆祝的事情，我们也为自己在推动这一概念主流化方面发挥的作用感到自豪。

然而，零废弃概念的日益流行也会伴随其原义被曲解和淡化情况的发生。一些利益攸关方——从市政当局到大企业——都会逐渐地宣称其所做的事是零废弃，但实际上未能真正理解这个理念背后所必需的整体观和以社区为导向的原则。

为了使真正的零废弃方案免受虚假宣传的侵害，以及更为重要的是为了切实促进社会向零废弃愿景所描绘的坚韧未来转型，我们在欧洲零废弃学院的基础上又补充了零废弃城市认证和标识项目，以更好地给欧洲的最佳零废弃实践树立标杆[52]。零废弃城市认证过程对所有的欧洲城市开放，目前已在8个欧洲国家/地区开展，而零废弃标识则面向的是中小型企业、聚集性活动和组织机构，凡在其运营和工作中有实施零废弃方案的都适用。

51　https：//zerowastecities.eu/zero-waste-workshops/。

52　https：//zerowastecities.eu/zero-waste-certification-for-cities/。

第五部分　结论

随着主流社会对零废弃理念的日益接受和认可，再加上欧盟建立了富有雄心的立法框架，在地方层面着重实施零废弃成为越来越迫切需要努力和关注的事。这就是为什么《零废弃总体规划》需要修订更新，以更好地向相关方解释零废弃方案是什么及为什么要有这样的方案。

鉴于地球所面临的气候和环境灾难正在逼近，立刻行动的迫切性比以往任何一个时候都强。我们需要有勇气的领导人，无论是选举产生的还是志愿付出时间的。本规划是专门为那些想要解决问题的个人和组织设计的，他们致力于重新思考消费和生产模式，以使我们的生活与自然有更紧密的联结，他们也有能力在解决问题的过程中把社区凝聚在一起。

我们希望这只是您踏上零废弃之旅的第一步。通过欧洲零废弃学院，您可以找到更多的工具和资源，可以在零废弃的议题上更加深入，也可以在我们推动欧洲向零废弃未来转型的过程中获得进一步支持。

欲了解更多信息，您可以通过cities@zerowasteeurope.eu直接联系我们，也可以了解我们在欧洲各国开展活动的国家协调人是谁[53]。

53　https：//zerowastecities.eu/discover/。

作者

欧洲零废弃总干事　Joan Marc Simon

欧洲零废弃城市和社区方案协调员　Jack McQuibban

欧洲零废弃废弃物政策专员　Pierre Condamine

审阅

欧洲零废弃副总干事　Esra Tat

欧洲零废弃科学委员会协调员　Enzo Favoino

编辑

欧洲零废弃传播协调员　Agnese Marcon

翻译

郑　悦　方晓轩　牟晓宁　毛　达

致谢

Ekologi Brez Meja/无国界生态学家[54]

Hnuti DUHA/地球之友，捷克共和国[55]

欧洲零废弃网络[56]

欲了解更多信息，请访问zerowastecities.eu或联系cities@zerowasteeurope.eu。

54　https://ebm.si/en/。

55　https://www.hnutiduha.cz/。

56　https://zerowasteeurope.eu/our-network/。